SPF级SD大鼠组织学及常见自发性病变图谱

王 芳　杨志鸿　李燕皎　主编

清华大学出版社
北京

本书封面贴有清华大学出版社防伪标签，无标签者不得销售。
版权所有，侵权必究。举报：010-62782989，beiqinquan@tup.tsinghua.edu.cn。

图书在版编目（CIP）数据

SPF级SD大鼠组织学及常见自发性病变图谱 / 王芳，杨志鸿，李燕皎主编. -- 北京：清华大学出版社，2024.7. -- ISBN 978-7-302-66686-8

Ⅰ. Q959.837-64

中国国家版本馆CIP数据核字第20243AW750号

责任编辑：辛瑞瑞　孙　宇
封面设计：钟　达
责任校对：李建庄
责任印制：丛怀宇

出版发行：清华大学出版社
网　　址：https://www.tup.com.cn, https://www.wqxuetang.com
地　　址：北京清华大学学研大厦A座　　　　邮　编：100084
社 总 机：010-83470000　　　　　　　　　　邮　购：010-62786544
投稿与读者服务：010-62776969, c-service@tup.tsinghua.edu.cn
质量反馈：010-62772015, zhiliang@tup.tsinghua.edu.cn

印 装 者：三河市铭诚印务有限公司
经　　销：全国新华书店
开　　本：185mm×260mm　　　　印　张：18　　　　字　数：233千字
版　　次：2024年7月第1版　　　　　　　　　　印　次：2024年7月第1次印刷
定　　价：148.00元

产品编号：095841-01

编委会

主　审　刘玉琴
主　编　王　芳　杨志鸿　李燕皎
副主编　华海蓉　董　汛　王　燮　廖文平　解丽琼
编　委　（按姓氏拼音排序）
　　　　陈　娟（昆明学院）
　　　　陈苗苗（昆明医科大学）
　　　　董　汛（云南省药物研究所）
　　　　华海蓉（昆明医科大学）
　　　　黄柏慧（昆明医科大学）
　　　　贾　静（昆明学院）
　　　　江　萍（昆明医科大学）
　　　　解丽琼（昆明医科大学）
　　　　李晓雪（昆明医科大学）
　　　　李燕皎（昆明学院）
　　　　廖文平（云南省药物研究所）
　　　　刘　兰（昆明医科大学）
　　　　刘　瑞（云南省药物研究所）
　　　　刘玉琴（中国医学科学院基础医学研究所　北京
　　　　　　　协和医学院基础学院）
　　　　马昌国（昆明学院）

马朝霞（昆明学院）

木志浩（昆明医科大学）

邱立华（昆明学院）

沈梦莹（云南省药物研究所）

谭　莹（云南省药物研究所）

王　芳（昆明医科大学）

王　燮（昆明医科大学）

吴　朕（深圳臻德济慈药品研发有限公司）

徐若冰（昆明医科大学）

严　飞（昆明医科大学）

杨志鸿（昆明医科大学）

叶　宏（昆明医科大学）

余　安（昆明学院）

袁德凯（昆明学院）

张荧荧（昆明医科大学）

邹英鹰（昆明医科大学）

序 言

当代生物医学研究，不管是细胞及分子生物学的生命基础理论（基因功能、信号通路、分子作用机制等）、医学研究（如疾病病因学、疾病发生发展规律、疾病治疗及转归等），还是药物/生物制品/医疗器械研发（安全性、有效性），都需要利用良好的动物模型，作为"替身"进行验证。作为哺乳动物的小鼠及大鼠，因其解剖、代谢、组织器官功能及基因种类与调控等与人类的很相似且饲养经济而成为应用最广泛的实验动物。随着动物实验研究相关伦理及法规的不断完善，动物实验研究还要保证动物的福利，从而获得可靠的实验结果。

SPF级SD大鼠是疾病动物模型和药物急性毒性及长期毒性实验所用的实验动物。掌握其基本的解剖及组织学结构，是判断是否有异常的最根本遵循。本书在观察了600只SPF级SD大鼠的基础上，以图片和文字说明的形式，翔实、系统地展示了SD大鼠心血管系统、呼吸系统、消化系统、泌尿系统、神经系统、内分泌系统、免疫系统、生殖系统、运动系统、感觉器官及皮肤各脏器的正常组织学及常见病变的特点，特别是SPF级SD大鼠常见的自发性病变的发生率，为使用者区分、判定具体组织学变化是实验结果还是自身病变，提供了依据。本书文字简明，图片染色色泽丰富、清晰，标注详细。特别是多数器官有整个器官组织切片，非常考验组织切片制片的技术！不同倍数逐级放大的图片，便于学习、理解，显示了作者作为病理学专家的专业精神。

本书作为精美的图谱，是从事SD大鼠实验工作的广大科研人员、研究生及动物繁殖、饲养人员的得力助手。对开始学习实验动物学及初入动物实验研究领域的各级人员，也是很好的教材。

刘玉琴
2024年7月

前　言

　　SPF级SD大鼠是标准化实验动物之一，在药物安全性评价、医学研究等领域应用广泛，是人类疾病模型建立、新药长期毒性实验等的科学基础。其中，靶器官和相关组织器官的组织学变化或损伤是观察和检测的重点。在研究过程中，不仅涉及直接由给药或疾病导致的病变识别，也包括组织或器官的自发或偶发病变的确认，即不仅需要与正常组织学比较，而且需要与SD大鼠的背景病变比较，以便这些病变不会被错误地归因于受试物。基于此，本书重点阐述SPF级SD大鼠的组织学及常见自发性或偶发病变，以期对从事SD大鼠实验的科学工作者有所帮助，使其成为使用者的朋友。

　　本书共包括心血管系统、呼吸系统、消化系统、泌尿系统、神经系统、内分泌系统、免疫系统、生殖系统、运动系统、感觉器官和皮肤12个章节，内容以彩色照片为主（共计700余幅），配有简明扼要的文字描述。在每章的开始，提供了章节相关的组织学内容，并匹配相应的彩色数码图片；在章节的末尾，提供了该章节组织出现的自发性或偶发病变的发生率及相应的彩色数码图片，可作为SD大鼠实验动物科学工作者观察实验结果时背景病变的依据之一。图谱中文字描述和图片并重，以期达到为实验医学和药物研究工作者提供实用的对照参考工具书的目的。

　　本书的出版得到了昆明医科大学基础医学院病理学与病理生理学系、云南省骨与关节疾病基础研究重点实验室和云南省药物研究所的大力支持和资助，在此表示衷心感谢！

　　虽然所有编者竭尽全力，力求将所有内容完美呈现，但因编者才疏学浅，疏漏之处在所难免，恳请各位专家学者提出宝贵意见，以便再版时修订和完善。

编　者
2024年7月

目 录

第一章　心血管系统 …………………………………………………… 1
第二章　呼吸系统 ……………………………………………………… 15
第三章　消化系统 ……………………………………………………… 37
第四章　泌尿系统 ……………………………………………………… 76
第五章　神经系统 ……………………………………………………… 104
第六章　内分泌系统 …………………………………………………… 155
第七章　免疫系统 ……………………………………………………… 170
第八章　雌性生殖系统 ………………………………………………… 180
第九章　雄性生殖系统 ………………………………………………… 221
第十章　运动系统（骨和骨骼肌）…………………………………… 245
第十一章　感觉器官（眼）…………………………………………… 259
第十二章　皮肤 ………………………………………………………… 269
附　表 …………………………………………………………………… 274
参考文献 ………………………………………………………………… 276

第一章

心血管系统

一、心壁的镜下结构及常见自发性病变

心壁从内向外分心内膜、心肌膜、心外膜3层。心内膜由内皮（单层扁平上皮）和内皮下层［内皮下层分为内外两层，内层为含丰富弹性纤维和少量平滑肌纤维的细密结缔组织，外层（心内膜下层）为含小血管和神经纤维的疏松结缔组织］组成；心肌膜主要由心肌纤维组成，呈内纵中环外斜排列，其间可见丰富的毛细血管、少量结缔组织和神经纤维，以左心室心肌膜最厚；心外膜（心包脏层）为浆膜，由疏松结缔组织和间皮（单层扁平上皮）组成（图1-1～图1-16）。

心内膜向心腔内凸起延伸折叠形成的薄片状结构为心瓣膜，表面被覆内皮，中间为致密结缔组织，基部含弹性纤维和平滑肌纤维（图1-17～图1-21）。

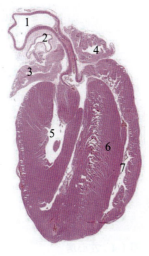

图 1-1　心脏
1.主动脉；2.肺动脉；3.左心房；
4.右心房；5.左心室；6.室间隔；
7.右心室

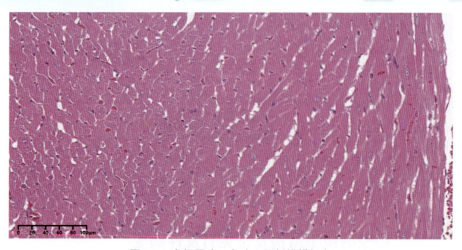

图1-2　室间隔（一）（心肌纤维横切）

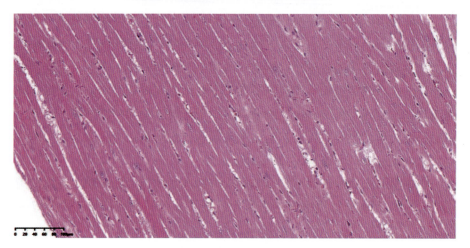

图1-3　室间隔（二）（心肌纤维纵切）

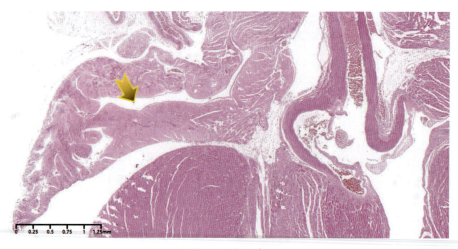

图1-4　左心房

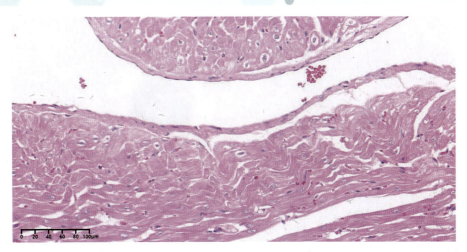

图 1-5　左心房壁

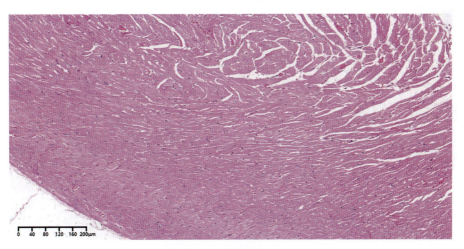

图 1-6　左心室壁（一）

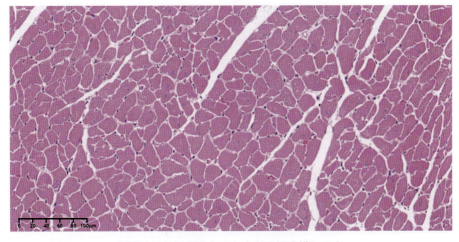

图 1-7　左心室壁（二）（心肌纤维横切面）

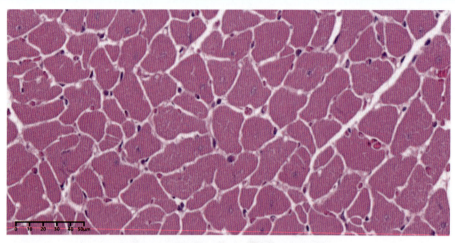

图1-8　左心室壁（三）（心肌纤维横切面）

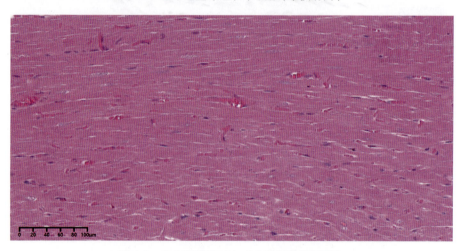

图1-9　左心室壁（四）（心肌纤维纵切面）

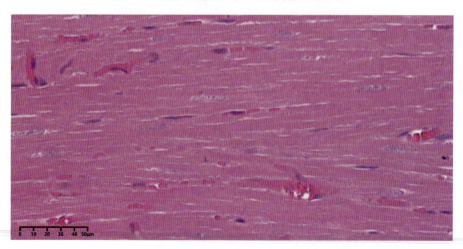

图1-10　左心室壁（五）（心肌纤维纵切面）

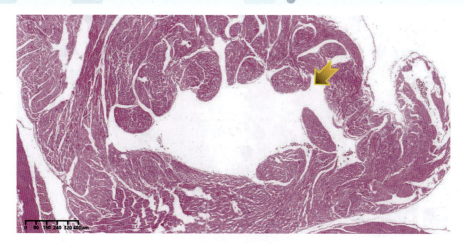

图 1-11 右心房

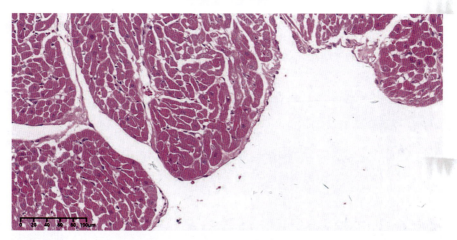

图 1-12 右心房壁

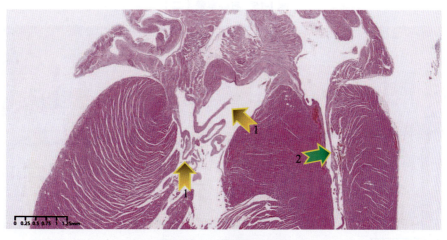

图 1-13 二尖瓣和三尖瓣

1.二尖瓣；2.三尖瓣

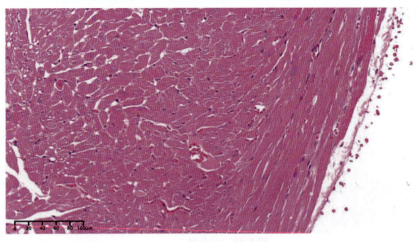

图 1-14　右心室壁（一）

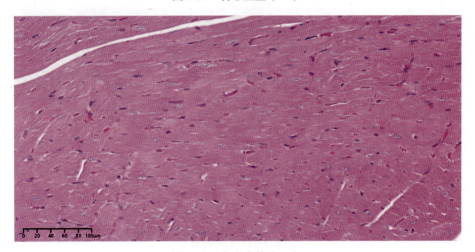

图 1-15　右心室壁（二）

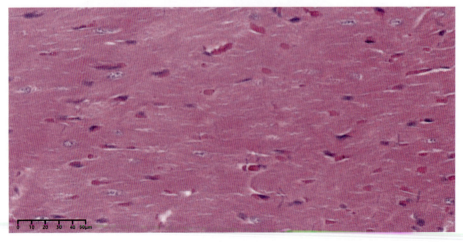

图 1-16　右心室壁（三）

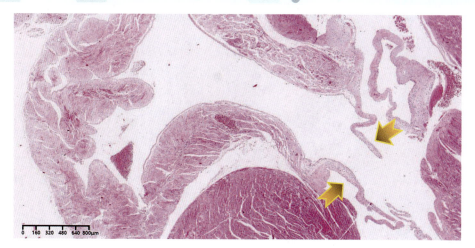

图 1-17 二尖瓣（一）

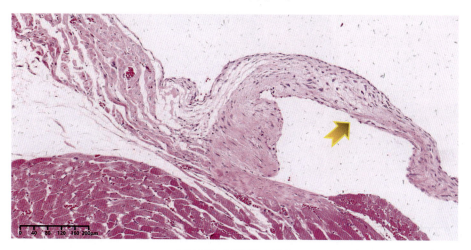

图 1-18 二尖瓣（二）

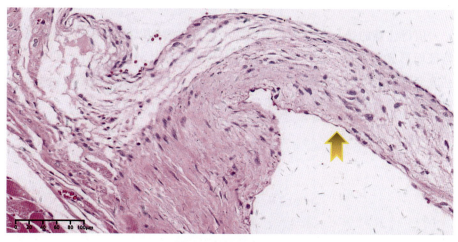

图 1-19 二尖瓣（三）

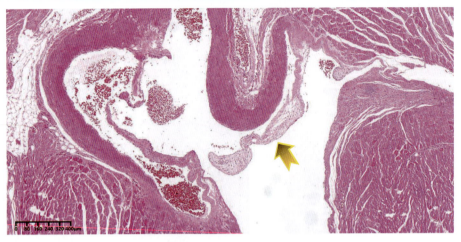

图 1-20　主动脉瓣（一）

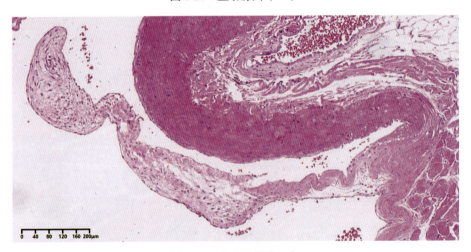

图 1-21　主动脉瓣（二）

值得注意的是，在分析心肌组织时，可以看到以肌细胞的差异收缩为特征而形成单个和（或）成群的高嗜酸性肌细胞灶分散在整个心肌中，这些改变可能是由 SD 大鼠死亡过程或采集样本时的操作导致的心肌组织的异常特征，而不是真实的心肌病理变化（图 1-22 ~ 图 1-28）。

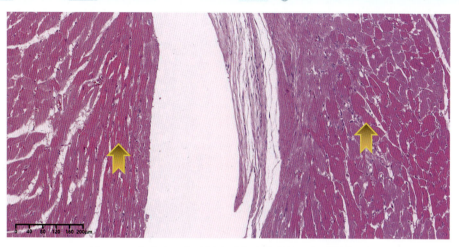

图1-22 心壁(一)(近心腔面高嗜酸性肌细胞聚集)

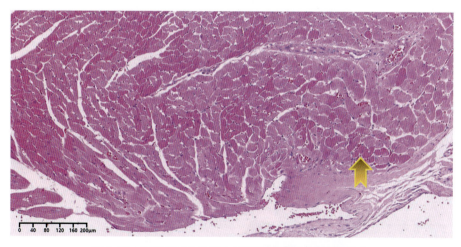

图1-23 心壁(二)(近心腔面高嗜酸性肌细胞聚集)

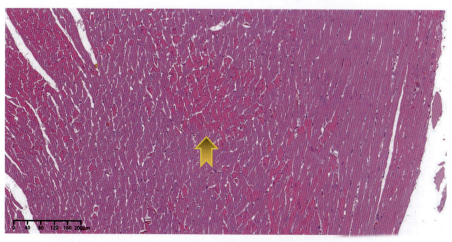

图1-24 心壁(三)[单个和(或)成群的高嗜酸性肌细胞灶]

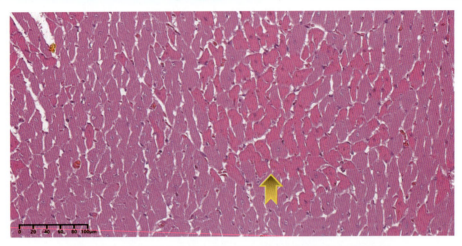

图 1-25 心壁（四）[单个和（或）成群的高嗜酸性肌细胞灶]

图 1-26 心壁（五）（高嗜酸性肌细胞灶）

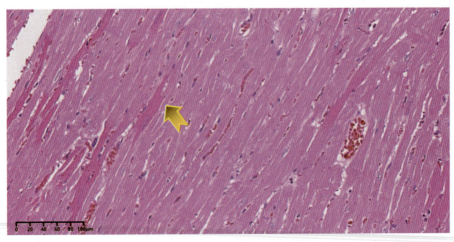

图 1-27 心壁（六）（高嗜酸性肌细胞灶）

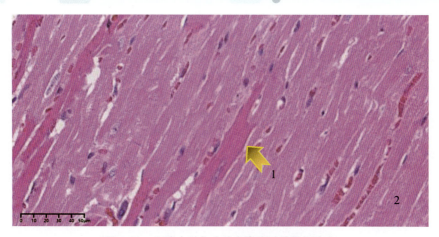

图 1-28　心壁（七）（单个高嗜酸性肌细胞）

心壁常见自发性病变包括心肌间质淤血（发生率 1.17%，7/600）和局灶性心肌瘢痕形成（发生率 0.17%，1/600）（图 1-29 ~ 图 1-32）。

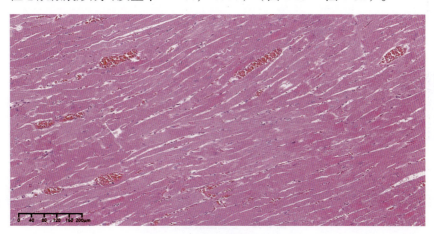

图 1-29　心肌间质淤血（一）

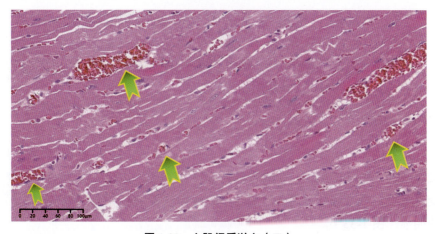

图 1-30　心肌间质淤血（二）

11

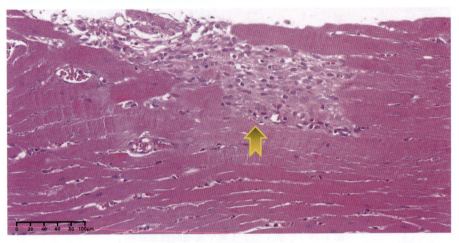

图 1-31　心壁瘢痕灶（一）

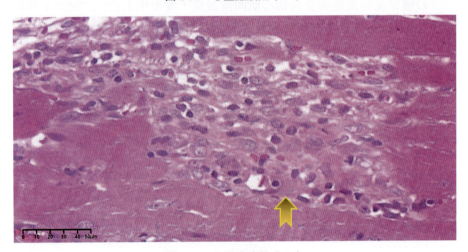

图 1-32　心壁瘢痕灶（二）

二、大动脉管壁的镜下结构及常见自发性病变

大动脉为靠近心脏的动脉，包括主动脉（图 1-33）、肺动脉（图 1-34 ~ 图 1-35）、颈总动脉等，其组织结构如下。

1. 内膜

包括内皮、内皮下层和内弹性膜。内皮细胞薄，胞质很少；内皮下层较厚，为疏松结缔组织，含纵行胶原纤维和少量平滑肌纤维。内膜与中膜交界处有内弹性膜，而内弹性膜与中膜的弹性膜相连，致内膜与中膜分界不明显（图 1-33）。

2. 中膜

由多层同心圆排列的弹性膜和大量弹力纤维组成,弹性膜之间见环形平滑肌纤维和胶原纤维(图1-33)。

3. 外膜

薄,为结缔组织。无明显外弹性膜,逐渐移行为周围的疏松结缔组织(图1-33)。

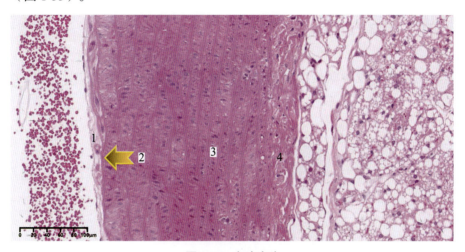

图1-33 主动脉壁
1. 内膜;2. 内弹性膜;3. 中膜;4. 外膜

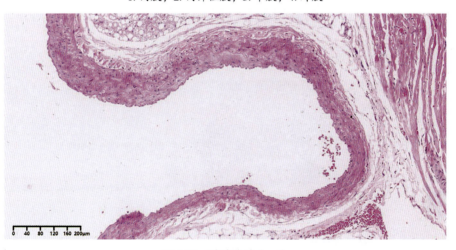

图1-34 肺动脉壁(一)

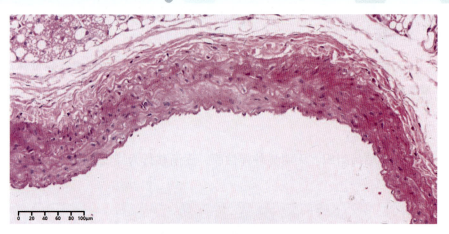

图 1-35　肺动脉壁（二）

主动脉自发性病变为主动脉基部软骨化生（发生率 0.17%，1/600）（图 1-36 ~ 图 1-37）。

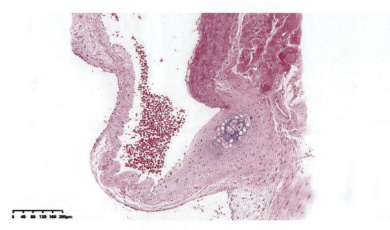

图 1-36　主动脉基部软骨化生（一）

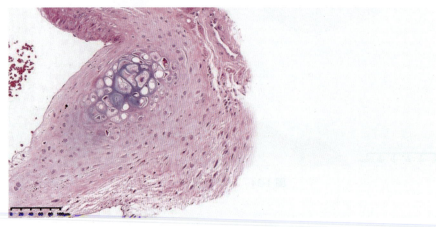

图 1-37　主动脉基部软骨化生（二）

第二章

呼吸系统

一、气管与主支气管的镜下结构及常见自发性病变

气管与主支气管壁从内向外分为黏膜、黏膜下层和外膜。黏膜由假复层纤毛柱状上皮和固有膜组成；黏膜下层为疏松结缔组织，内有较多混合性腺；外膜主要含透明软骨环。软骨环的缺口处是气管膜性部（为气管后壁），可见韧带（弹力纤维构成）、平滑肌束和气管腺（图 2-1～图 2-12）。

主支气管管壁变薄，环状软骨变成不规则软骨片（图 2-13～图 2-15）。

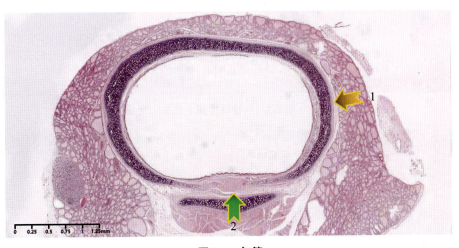

图 2-1　气管
1.环状软骨；2.气管膜性部

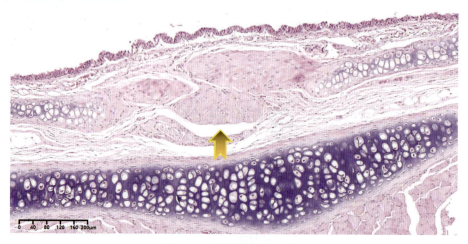

图 2-2 气管膜性部（一）

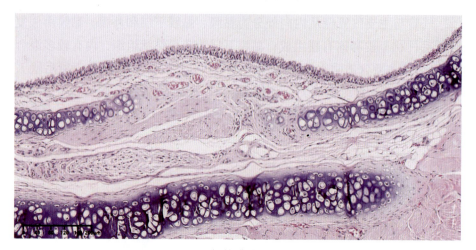

图 2-3 气管膜性部（二）

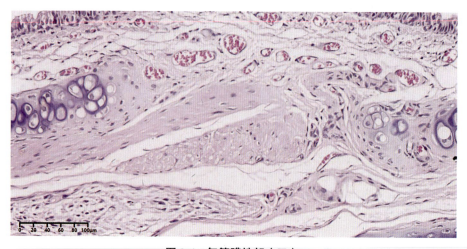

图 2-4 气管膜性部（三）

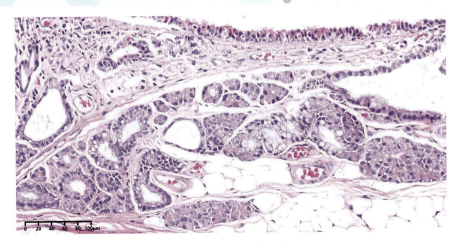

图 2-5 气管黏膜下层的腺体（一）

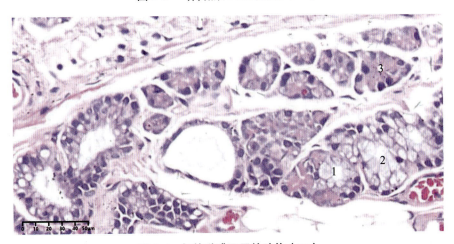

图 2-6 气管黏膜下层的腺体（二）

1.混合性腺；2.黏液性腺；3.浆液性腺

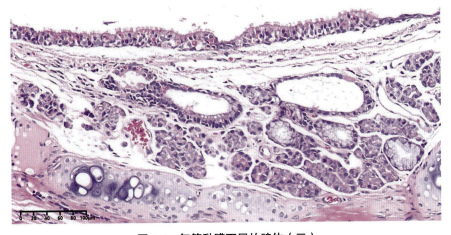

图 2-7 气管黏膜下层的腺体（三）

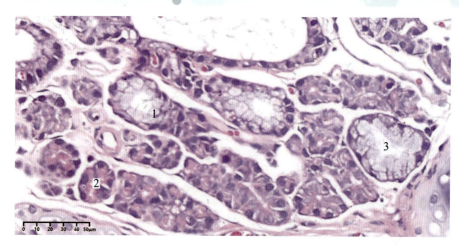

图 2-8 气管黏膜下层的腺体（四）

1.混合性腺；2.浆液性腺；3.黏液性腺

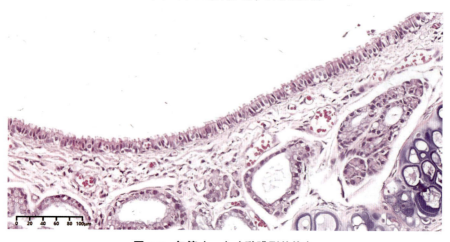

图 2-9 气管（一）（黏膜刷状缘）

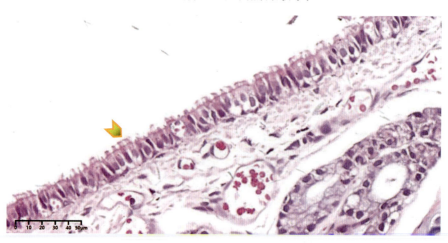

图 2-10 气管（二）（黏膜刷状缘）

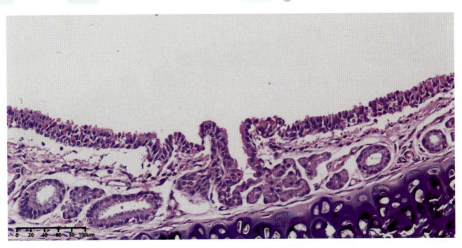

图 2-11　气管（三）（腺体开口）

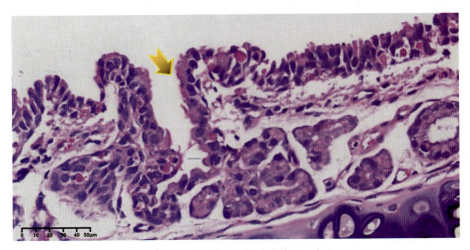

图 2-12　气管（四）（腺体开口）

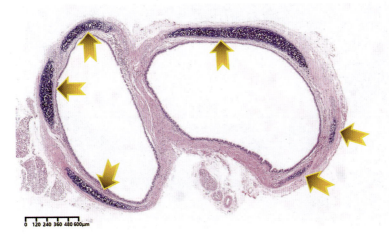

图 2-13　主支气管（一）（不规则软骨片）

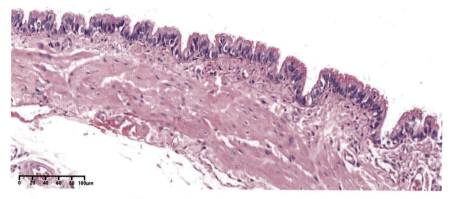

图 2-14 主支气管（二）（刷状缘）

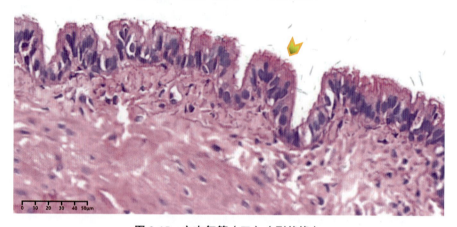

图 2-15 主支气管（三）（刷状缘）

气管和主支气管常见自发性病变为局灶性黏膜上皮鳞化（发生率0.67%，4/600）、基底细胞灶性增生（发生率0.83%，5/600）和管壁灶性炎细胞浸润（多位于黏膜下层，常为淋巴细胞，发生率4.50%，27/600）（图2-16～图2-25）。

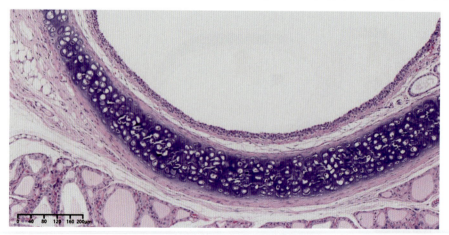

图 2-16 气管（五）（局灶性上皮鳞化）

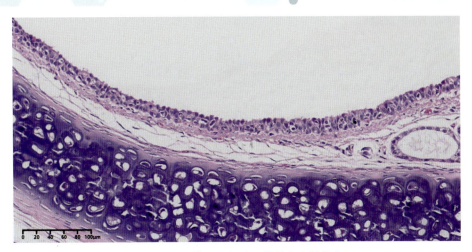

图 2-17 气管（六）（局灶性上皮鳞化）

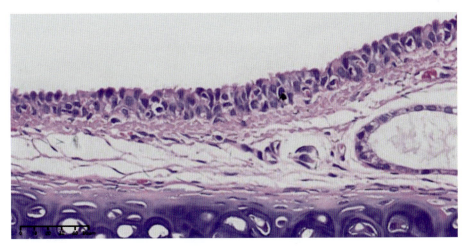

图 2-18 气管（七）（局灶性上皮鳞化）

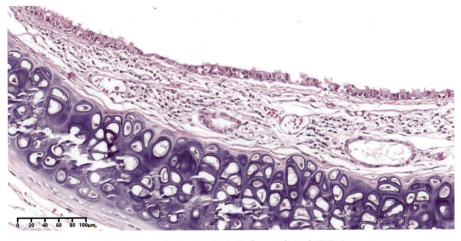

图 2-19 气管（八）（黏膜下层炎细胞浸润）

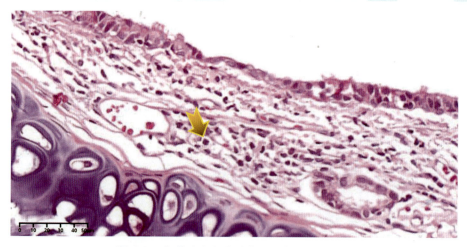

图 2-20　气管（九）（黏膜下层炎细胞浸润）

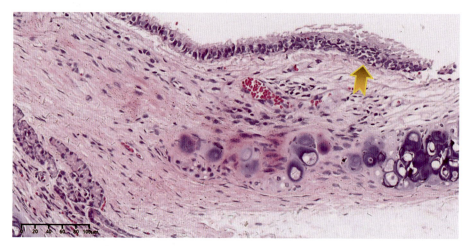

图 2-21　主支气管（四）（黏膜上皮局部基底细胞增生）

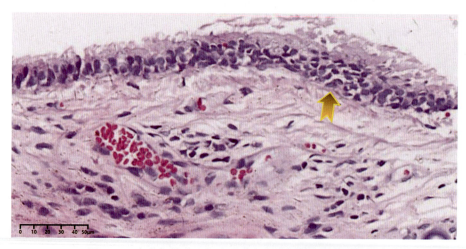

图 2-22　主支气管（五）（黏膜上皮局部基底细胞增生）

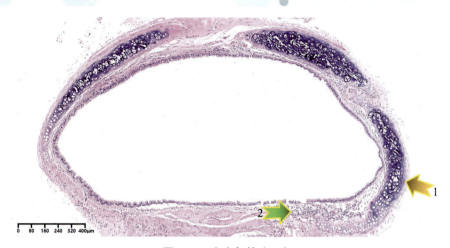

图 2-23 主支气管（六）

1. 不规则软骨片；2. 黏膜下层炎细胞浸润

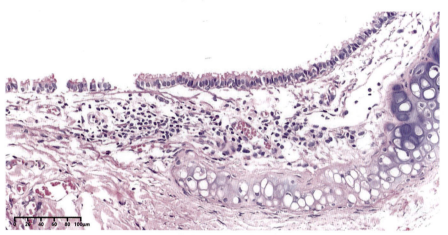

图 2-24 主支气管（七）（黏膜下层炎细胞浸润）

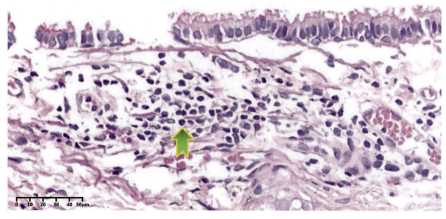

图 2-25 主支气管（八）（黏膜下层炎细胞浸润）

二、肺的镜下结构及常见自发性病变

肺分为实质和间质。实质包括肺内支气管各级分支和肺泡；间质为结缔组织、血管、淋巴管和神经等。

1. 肺导气部（叶支气管→终末细支气管）

叶支气管和小支气管被覆假复层纤毛柱状上皮，固有层外呈现断续的环行平滑肌束，腺体和软骨片逐渐减少（图2-26～图2-27）。

细支气管被覆单层纤毛柱状上皮，环行平滑肌更为明显，腺体和软骨片很少或消失，黏膜常形成皱襞；终末细支气管被覆单层柱状上皮［主要为无纤毛的克拉拉细胞（Clara cell）］，腺体和软骨片消失，环行平滑肌完整（图2-28～图2-34）。

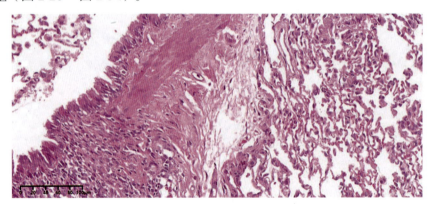

图2-26　小支气管

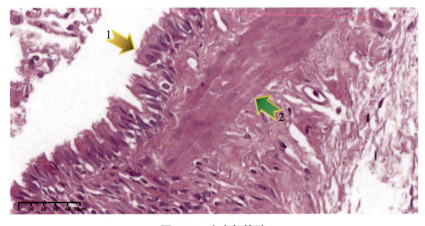

图2-27　小支气管壁

1.假复层纤毛柱状上皮；2.断续的环行平滑肌束

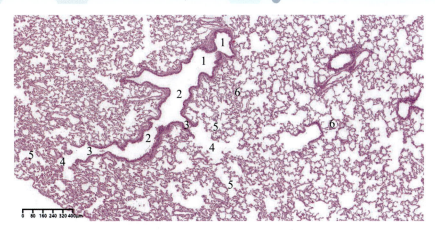

图 2-28　细支气管及分支（一）

1.细支气管；2.终末细支气管；3.呼吸细支气管；4.肺泡管；5.肺泡囊；6.肺泡

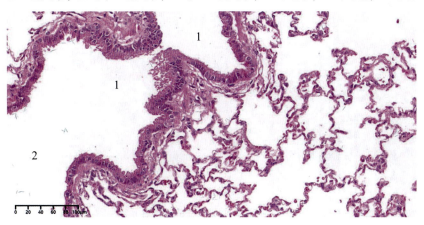

图 2-29　细支气管及分支（二）

1.细支气管；2.终末细支气管

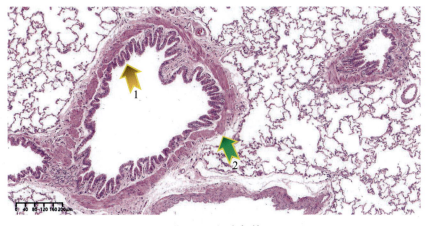

图 2-30　细支气管

1.黏膜形成皱襞；2.环行平滑肌明显

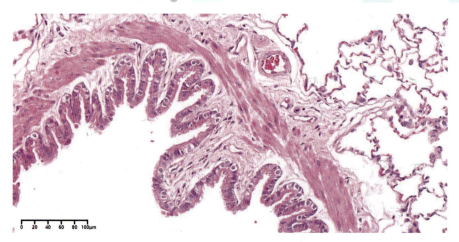

图 2-31　细支气管壁（一）（单层纤毛柱状上皮）

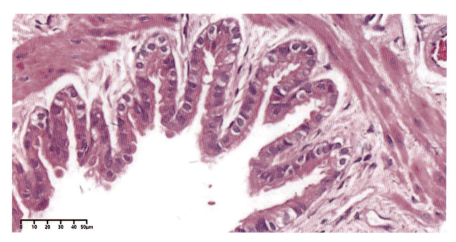

图 2-32　细支气管壁（二）（单层纤毛柱状上皮）

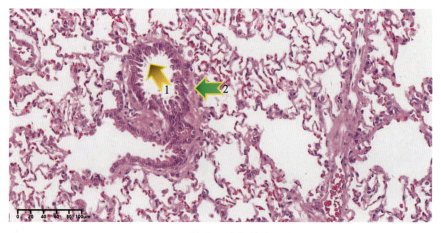

图 2-33　终末细支气管（一）

1.单层柱状上皮；2.环行平滑肌完整

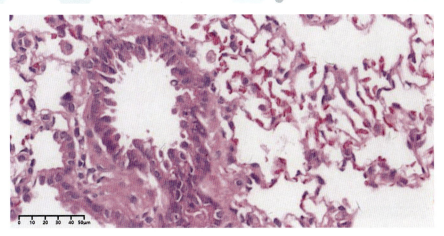

图 2-34　终末细支气管壁（二）

2. 肺呼吸部（呼吸细支气管→肺泡）

呼吸细支气管被覆单层立方上皮（克拉拉细胞和少许纤毛细胞），上皮下为弹性纤维和少量环行平滑肌细胞；肺泡管管壁上有许多肺泡，因此自身管壁结构很少，相邻肺泡开口之间有结节状膨大，此处表面被覆单层扁平或立方上皮，上皮下为弹性纤维和平滑肌；肺泡囊是许多肺泡的共同开口处，无结节状膨大（没有平滑肌）；肺泡开口于肺泡管、肺泡囊和呼吸细支气管，被覆单层肺泡上皮（Ⅰ型肺泡细胞胞质扁平，覆盖肺泡95%的表面积；Ⅱ型肺泡细胞立方形或圆形，散在Ⅰ型肺泡细胞之间），相邻肺泡之间的薄层结缔组织为肺泡间隔，内有弹性纤维、毛细血管、成纤维细胞、肺巨噬细胞、神经纤维、毛细淋巴管和肥大细胞（图 2-35 ~ 图 2-39）。

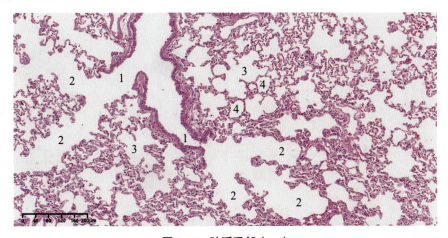

图 2-35　肺呼吸部（一）

1.呼吸细支气管；2.肺泡管；3.肺泡囊；4.肺泡

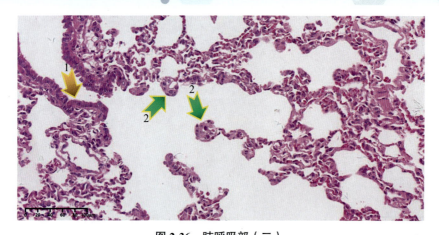

图 2-36　肺呼吸部（二）

1. 呼吸细支气管单层立方上皮；2. 肺泡管结节状膨大

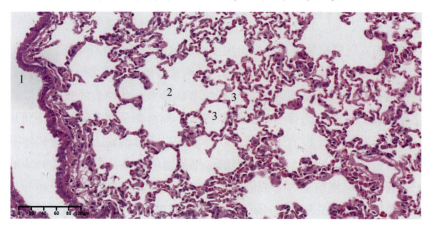

图 2-37　肺呼吸部（三）

1. 呼吸细支气管；2. 肺泡囊；3. 肺泡

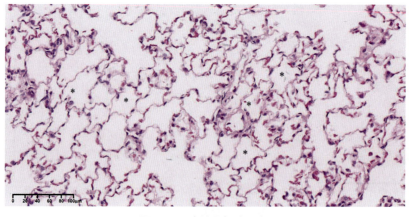

图 2-38　肺呼吸部（四）

＊. 肺泡

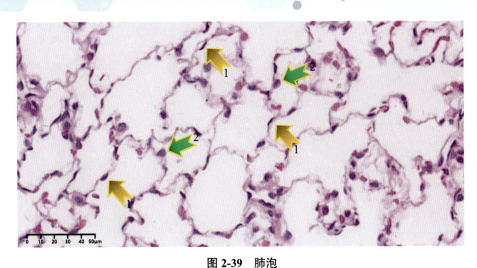

图 2-39 肺泡

1. Ⅰ型肺泡细胞；2. Ⅱ型肺泡细胞

肺常见自发性病变包括肺内多个支气管旁淋巴细胞浸润（淋巴滤泡形成，发生率6.67%，40/600）、肺内个别支气管旁淋巴细胞浸润（淋巴滤泡形成，发生率73.33%，440/600）、局灶性肺泡扩张（发生率1.33%，8/600）、肺泡间隔局灶性水肿和炎细胞浸润（多为淋巴细胞和单核细胞，发生率19.83%，119/600）和肺泡腔内巨噬细胞灶性聚集（发生率1.33%，8/600）（图2-40～图2-61）。

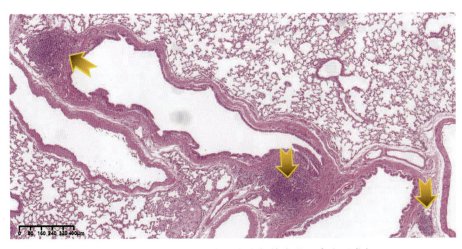

图 2-40 肺（一）（肺内多个支气管旁淋巴滤泡形成）

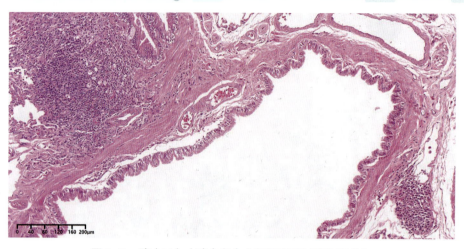

图 2-41　肺（二）（肺内多个支气管旁淋巴滤泡形成）

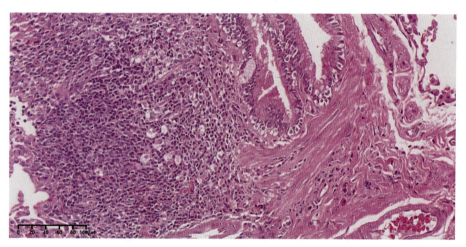

图 2-42　肺（三）（肺内支气管旁淋巴滤泡）

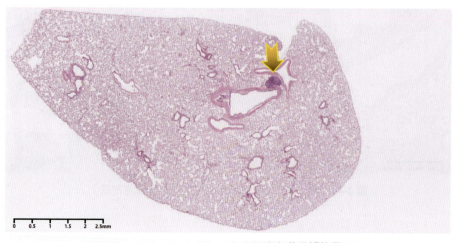

图 2-43　肺（四）（肺内一个支气管旁淋巴滤泡形成）

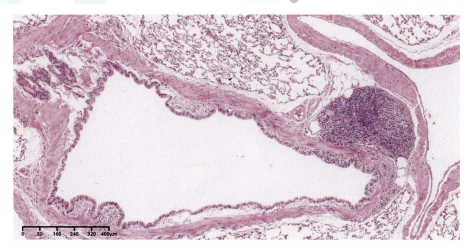

图 2-44 肺（五）（肺内一个支气管旁淋巴滤泡形成）

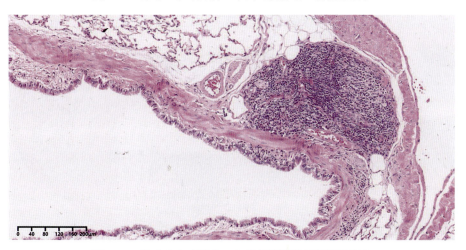

图 2-45 肺（六）（肺内一个支气管旁淋巴滤泡形成）

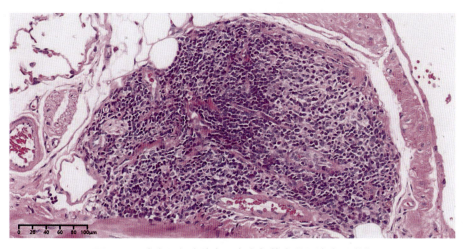

图 2-46 肺（七）（肺内一个支气管旁淋巴滤泡形成）

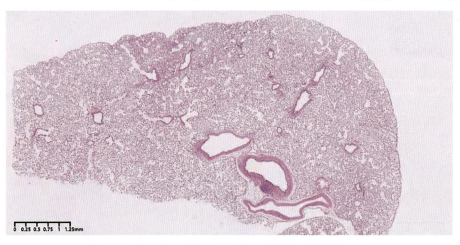

图 2-47　肺（八）（肺内一个支气管旁淋巴滤泡形成）

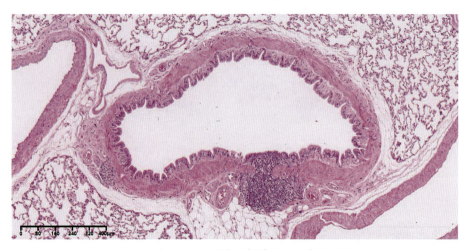

图 2-48　肺（九）（肺内支气管旁淋巴滤泡形成）

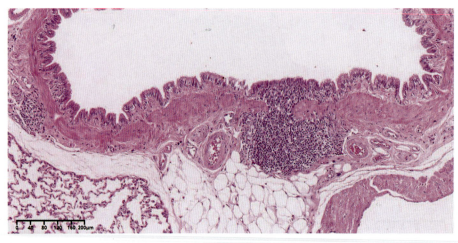

图 2-49　肺（十）（肺内支气管旁淋巴滤泡形成）

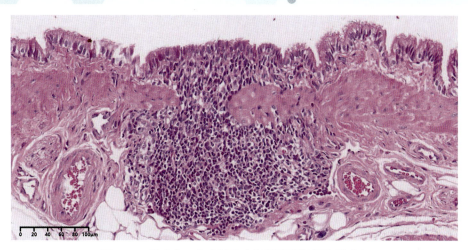

图 2-50 肺（十一）（肺内支气管旁淋巴滤泡形成）

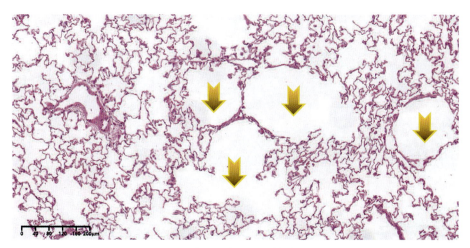

图 2-51 肺（十二）（局灶性肺泡扩张）

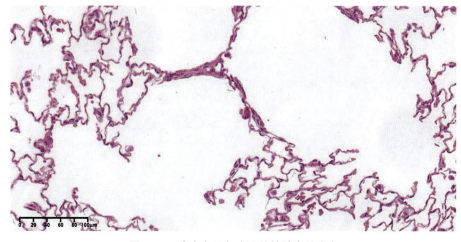

图 2-52 肺（十三）（局灶性肺泡扩张）

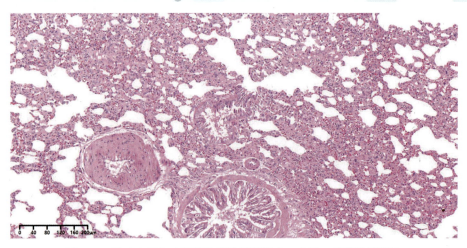

图 2-53　肺（十四）（局灶性肺泡间隔淤血、水肿、炎细胞浸润）

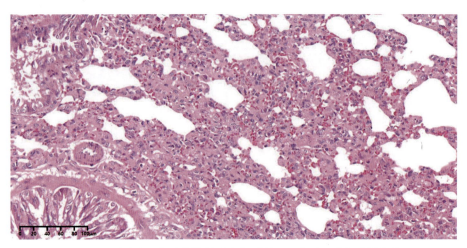

图 2-54　肺（十五）（局灶性肺泡间隔淤血、水肿、炎细胞浸润）

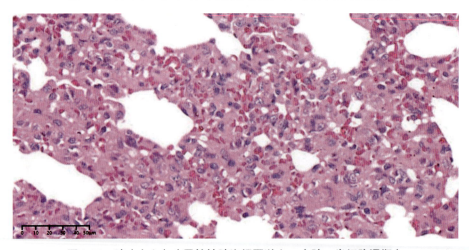

图 2-55　肺（十六）（局灶性肺泡间隔淤血、水肿、炎细胞浸润）

第二章 呼吸系统

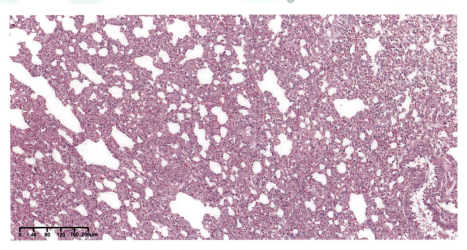

图 2-56 肺（十七）（肺泡间隔淤血、水肿、炎细胞浸润）

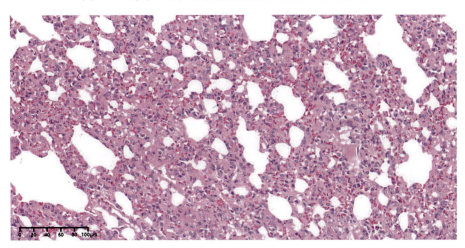

图 2-57 肺（十八）（肺泡间隔淤血、水肿、炎细胞浸润）

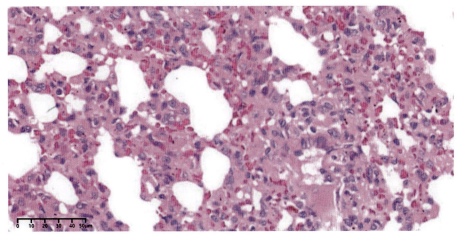

图 2-58 肺（十九）（肺泡间隔淤血、水肿、炎细胞浸润）

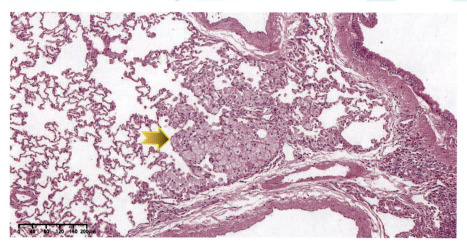

图 2-59 肺（二十）（肺泡腔内巨噬细胞灶性聚集）

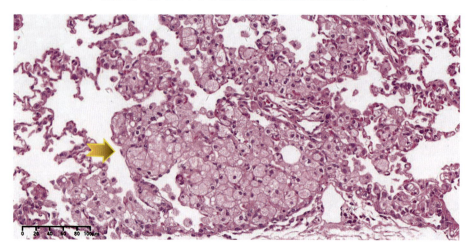

图 2-60 肺（二十一）（肺泡腔内巨噬细胞灶性聚集）

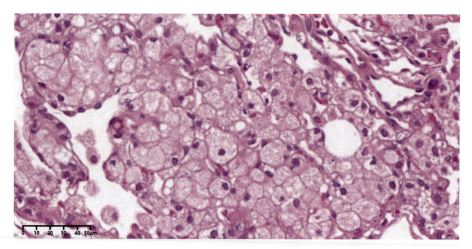

图 2-61 肺（二十二）（肺泡腔内巨噬细胞灶性聚集）

第三章

消化系统

一、消化管的镜下结构及常见自发性病变

消化管管壁均由4层结构构成,从腔面往外,依次为黏膜层(包括黏膜上皮、固有层、黏膜肌)、黏膜下层、肌层、外膜(食管的是纤维膜,余均为浆膜)。

1. 食管

食管壁黏膜层黏膜上皮为角化的复层扁平上皮,固有层为纤维结缔组织,黏膜肌为纵行肌;黏膜下层为疏松结缔组织,内无腺体;肌层内环外纵,上1/3为横纹肌,下1/3为平滑肌;外膜是纤维膜(图3-1~图3-4)。

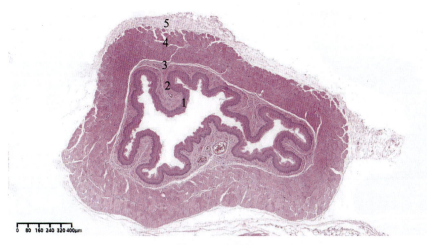

图3-1 食管(一)

1.黏膜上皮;2.固有层;3.黏膜下层;4.肌层;5.外膜

37

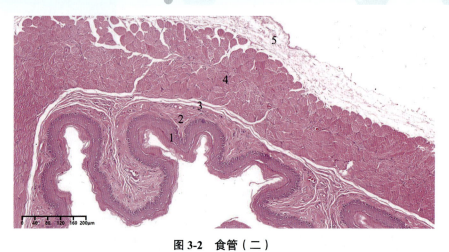

图 3-2 食管（二）

1. 黏膜上皮；2. 固有层；3. 黏膜下层；4. 肌层；5. 外膜

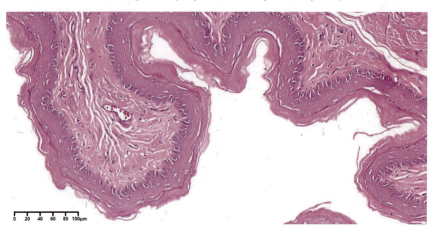

图 3-3 食管壁被覆上皮

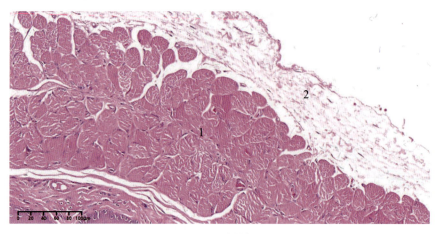

图 3-4 食管壁

1. 肌层（横纹肌）；2. 外膜（纤维膜）

2. 胃

分为皮胃（前胃）和腺胃（胃体）。

黏膜层皮胃被覆角化的鳞状上皮，固有层薄，无腺体，黏膜肌较厚；腺胃被覆单层柱状上皮，固有层内大量腺体。黏膜下层为疏松结缔组织；肌层是发达的内斜外环的平滑肌；外膜为浆膜（图 3-5 ~ 图 3-16）。

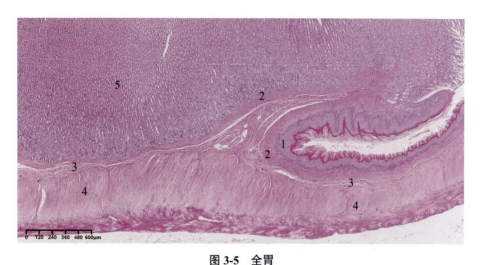

图 3-5　全胃

1. 皮胃黏膜上皮；2. 黏膜肌；3. 黏膜下层；4. 肌层；5. 腺胃的黏膜上皮和固有层

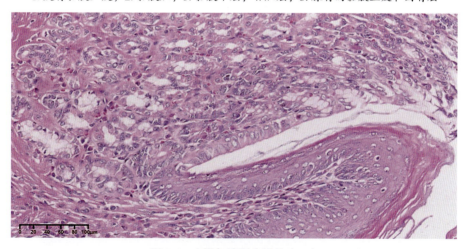

图 3-6　皮胃与腺胃交界处（一）

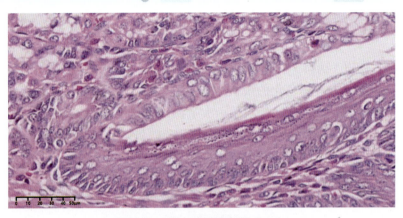

图 3-7　皮胃与腺胃交界处（二）

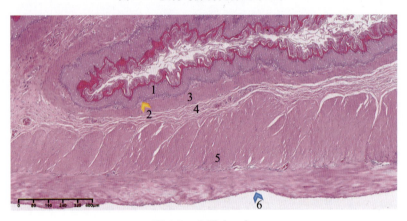

图 3-8　皮胃（一）

1.黏膜上皮（角化的鳞状上皮）；2.固有层；3.黏膜肌；
4.黏膜下层；5.肌层；6.浆膜层（外膜）

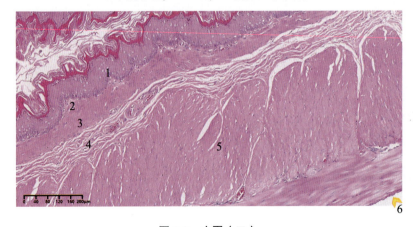

图 3-9　皮胃（二）

1.黏膜上皮（角化的鳞状上皮）；2.固有层；3.黏膜肌；
4.黏膜下层；5.肌层；6.浆膜层（外膜）

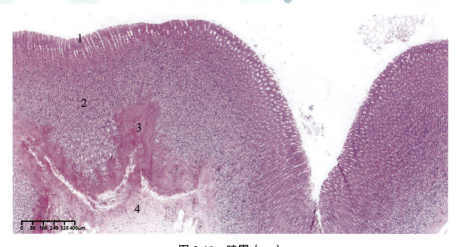

图 3-10　腺胃（一）

1. 黏膜上皮（单层柱状上皮）；2. 固有层；3. 黏膜肌；4. 黏膜下层

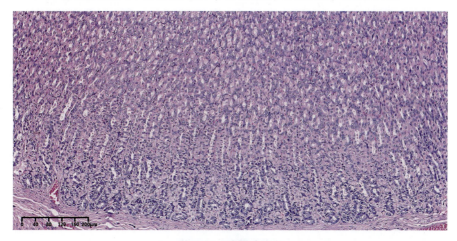

图 3-11　腺胃（二）

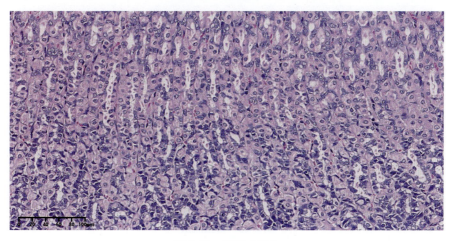

图 3-12　腺胃（三）

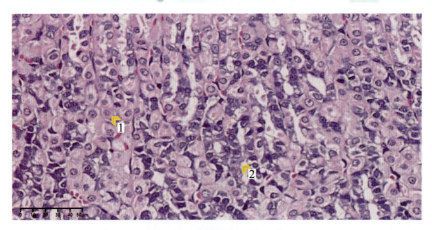

图 3-13 腺胃固有层（一）

1. 壁细胞；2. 主细胞

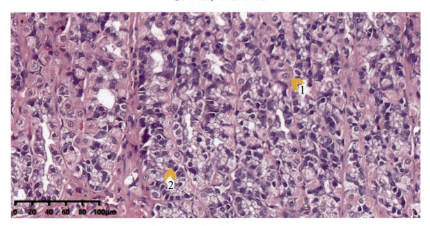

图 3-14 腺胃固有层（二）

1. 壁细胞；2. 主细胞

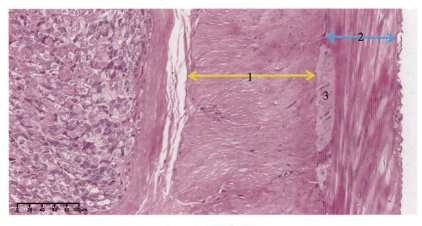

图 3-15 胃壁肌层

1. 内斜平滑肌；2. 外环平滑肌；3. 肌间神经丛

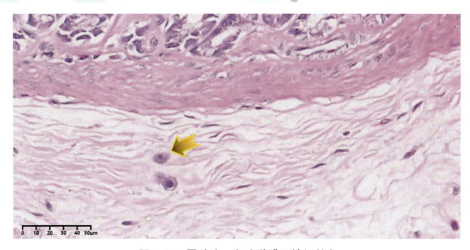

图 3-16　胃壁（一）（黏膜下神经丛）

胃壁常见自发性病变包括平滑肌细胞变性（常为细胞水肿，发生率 8%，48/600）和炎细胞浸润（位于上皮下和黏膜下层，多为嗜酸性粒细胞，也有淋巴细胞和单核细胞，发生率 0.17%，1/600）（图 3-17～图 3-27）。

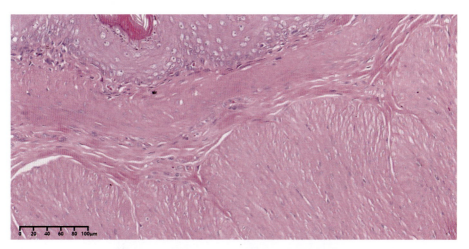

图 3-17　胃壁（二）（皮胃肌层平滑肌变性）

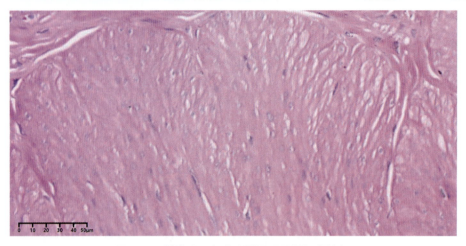

图 3-18 胃壁（三）（皮胃肌层平滑肌变性）

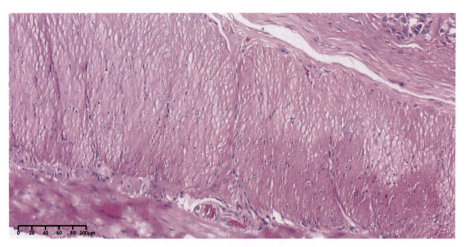

图 3-19 胃壁（四）（腺胃肌层平滑肌变性）

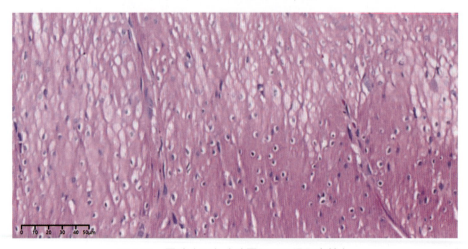

图 3-20 胃壁（五）（腺胃肌层平滑肌变性）

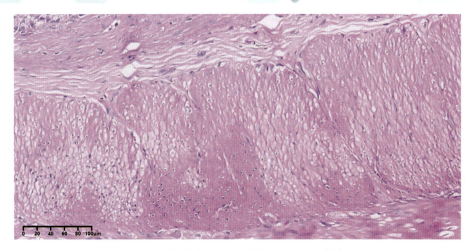

图 3-21　胃壁（六）（腺胃肌层平滑肌变性）

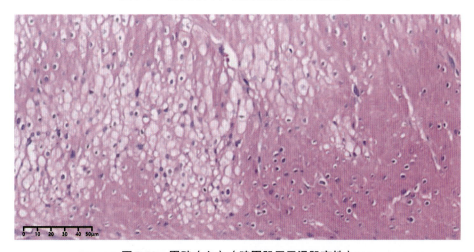

图 3-22　胃壁（七）（腺胃肌层平滑肌变性）

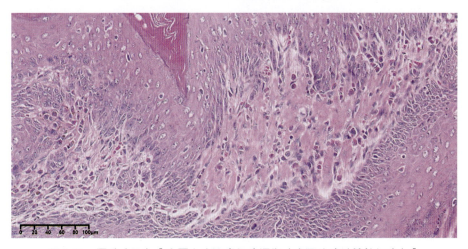

图 3-23　胃壁（八）［皮胃上皮下炎细胞浸润（主要为嗜酸性粒细胞）］

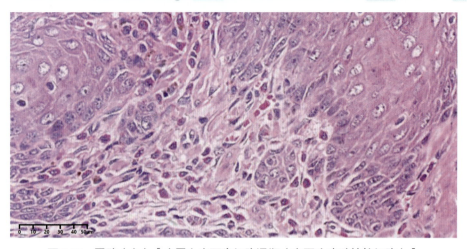

图 3-24　胃壁（九）［皮胃上皮下炎细胞浸润（主要为嗜酸性粒细胞）］

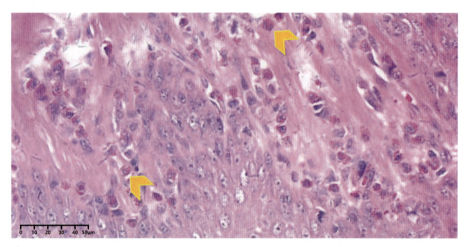

图 3-25　胃壁（十）［皮胃上皮下炎细胞浸润（主要为嗜酸性粒细胞）］

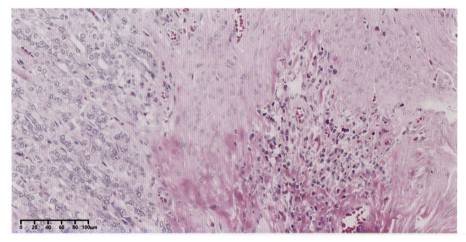

图 3-26　胃壁（十一）（腺胃上皮下炎细胞浸润）

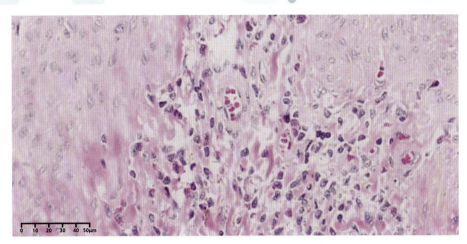

图 3-27　胃壁（十二）[腺胃上皮下炎细胞浸润（淋巴细胞、嗜酸性粒细胞、单核细胞）]

3. 小肠

小肠黏膜上皮为单层柱状上皮，内可见杯状细胞，固有层内有肠腺和淋巴细胞、浆细胞、嗜酸性粒细胞和巨噬细胞等浸润；黏膜下层含较多血管和淋巴管；肌层平滑肌内环外纵；外膜为浆膜。

十二指肠黏膜表面有不规则的叶状或柱状绒毛，起始部黏膜下层内见十二指肠腺（图 3-28 ~ 图 3-31 及图 3-33 ~ 图 3-36）；空肠的黏膜上皮和固有层向肠腔内凸出形成舌状绒毛，淋巴小结出现于黏膜层（图 3-37 ~ 图 3-41）；回肠绒毛为指突状，杯状细胞较多，淋巴小结发达，肠腺底部有含大而圆的嗜酸性颗粒（内含溶菌酶）的潘氏细胞成群分布（图 3-42 ~ 图 3-48）。小肠靠肠腔面的上皮细胞常见自溶（图 3-32）。

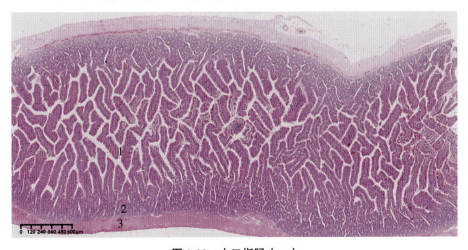

图 3-28　十二指肠（一）

1. 绒毛；2. 肠腺；3. 肌层

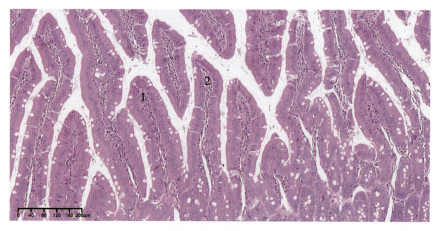

图 3-29 十二指肠（二）

1. 柱状绒毛；2. 叶状绒毛

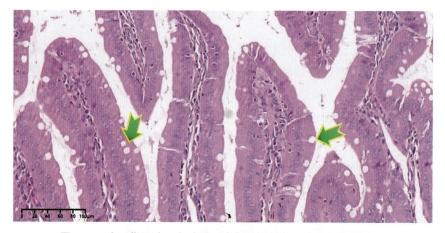

图 3-30 十二指肠（三）（绒毛表面单层柱状上皮内杯状细胞）

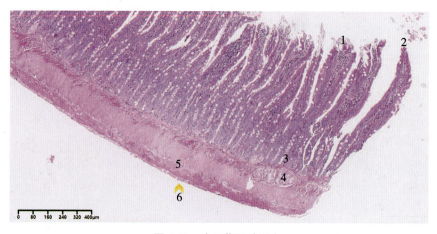

图 3-31 十二指肠（四）

1. 柱状绒毛；2. 叶状绒毛；3. 肠腺；4. 十二指肠腺；5. 肌层；6. 浆膜层

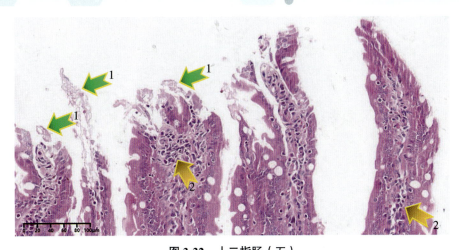

图 3-32 十二指肠（五）

1.绒毛靠腔面上皮细胞自溶；2.固有层内炎细胞

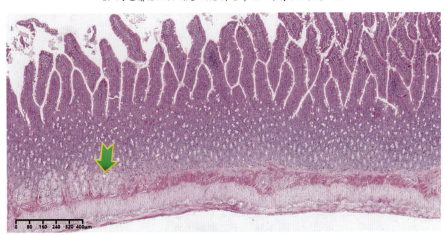

图 3-33 十二指肠（六）（起始部见十二指肠腺）

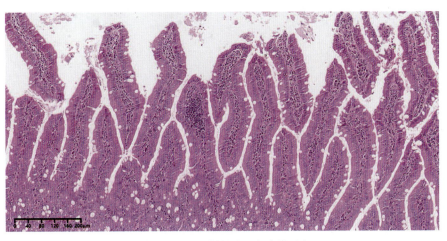

图 3-34 十二指肠（七）（绒毛）

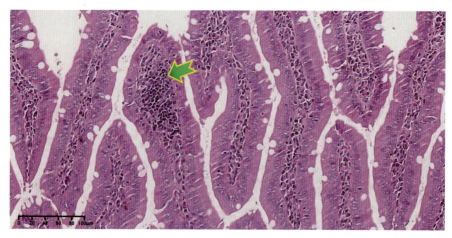

图 3-35 十二指肠（八）（固有层内淋巴细胞）

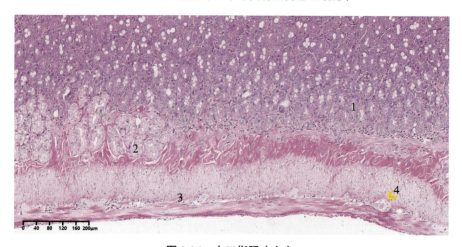

图 3-36 十二指肠（九）

1.肠腺；2.十二指肠腺；3.肌层；4.肌间神经丛

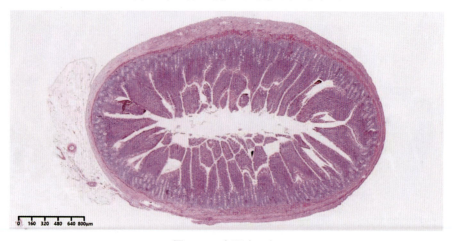

图 3-37 空肠（一）

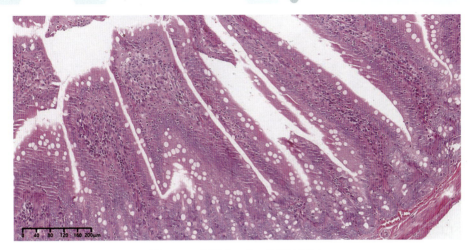

图 3-38 空肠（二）（舌状绒毛）

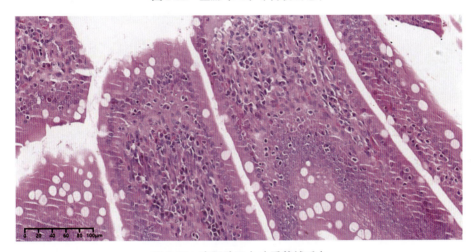

图 3-39 空肠（三）（舌状绒毛）

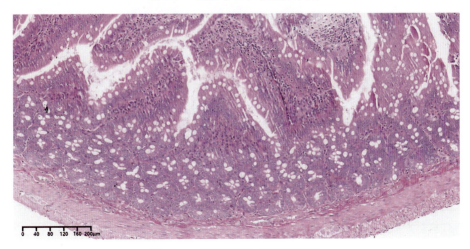

图 3-40 空肠（四）（舌状绒毛）

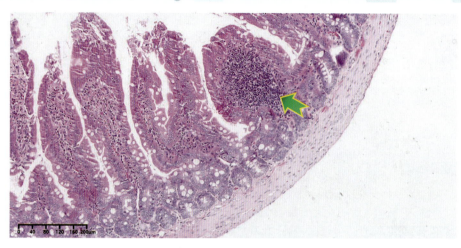

图 3-41　空肠（五）（黏膜层淋巴小结）

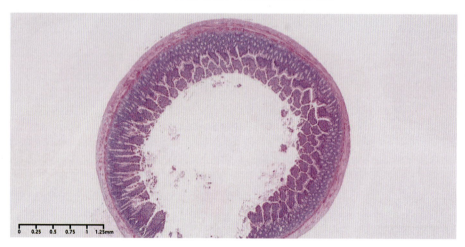

图 3-42　回肠（一）

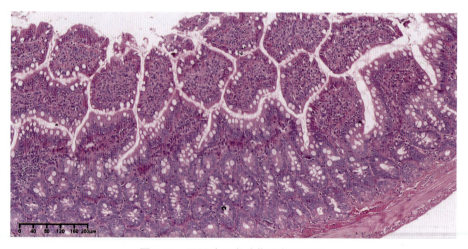

图 3-43　回肠（二）（指突状绒毛）

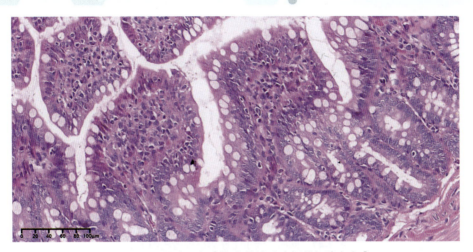

图 3-44　回肠（三）[指突状绒毛（杯状细胞多）]

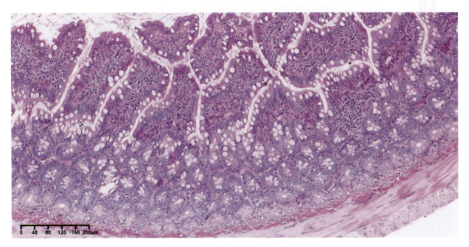

图 3-45　回肠（四）（指突状绒毛）

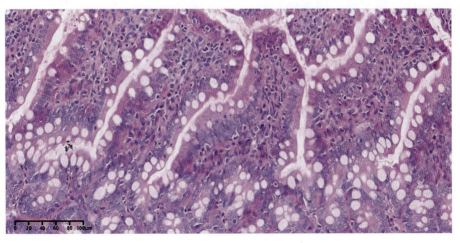

图 3-46　回肠（五）[指突状绒毛（杯状细胞多）]

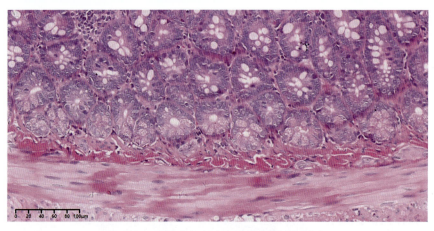

图 3-47　回肠（六）（肠腺底部潘氏细胞）

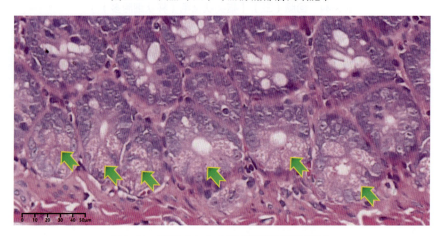

图 3-48　回肠（七）（肠腺底部潘氏细胞）

小肠常见自发性病变为肌层平滑肌变性（空肠和回肠发生率均为 3.33%，20/600）（图 3-49～图 3-50）。

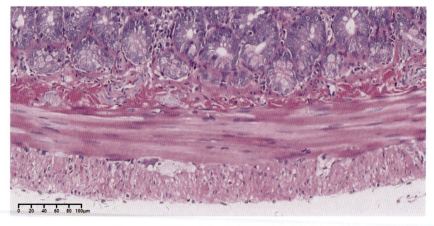

图 3-49　回肠（八）（肌层平滑肌变性）

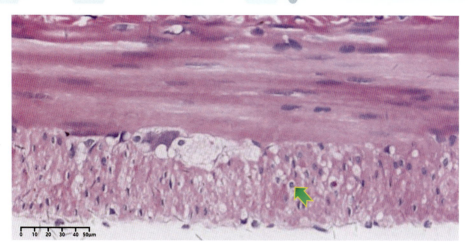

图 3-50　回肠（九）（肌层平滑肌变性）

4. 大肠

盲肠形成较大皱襞（图 3-51 ~ 图 3-57）；结肠无绒毛，腺体和上皮内见较多杯状细胞（图 3-58 ~ 图 3-64）；直肠黏膜皱襞较宽，上皮内见大量杯状细胞；黏膜下层内淋巴组织丰富，肌层较厚，均为内环外纵（图 3-65 ~ 图 3-71）。

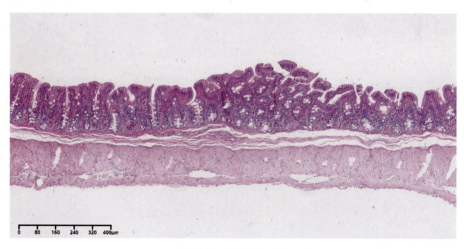

图 3-51　盲肠（一）

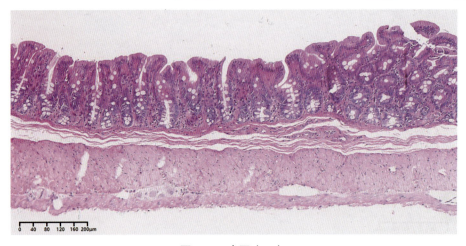

图 3-52　盲肠（二）

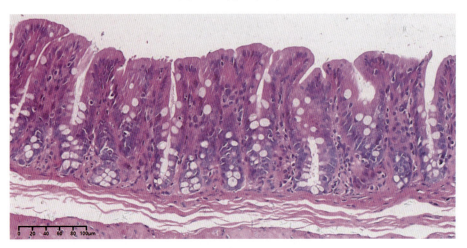

图 3-53　盲肠（三）

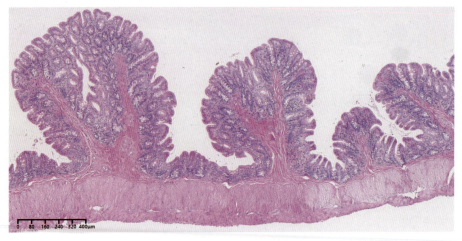

图 3-54　盲肠（四）（皱襞较大）

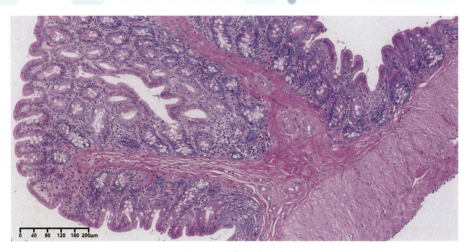

图 3-55 盲肠（五）

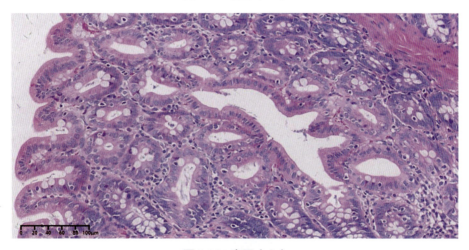

图 3-56 盲肠（六）

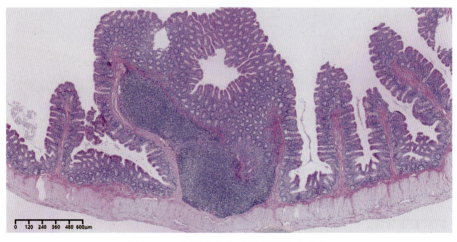

图 3-57 盲肠（七）（淋巴组织丰富）

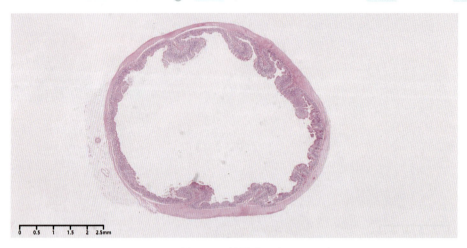

图 3-58 结肠（一）

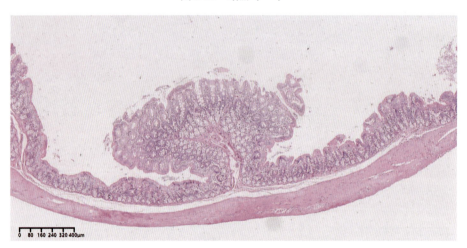

图 3-59 结肠（二）

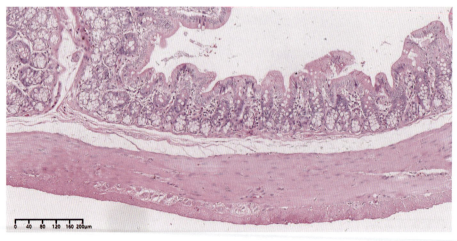

图 3-60 结肠（三）

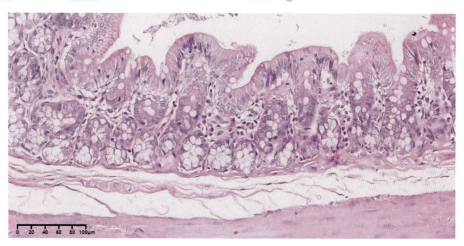

图 3-61　结肠（四）（腺体和上皮内见较多杯状细胞）

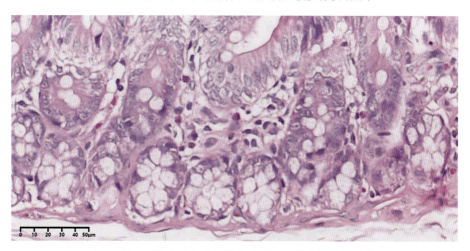

图 3-62　结肠（五）（腺体和上皮内见较多杯状细胞）

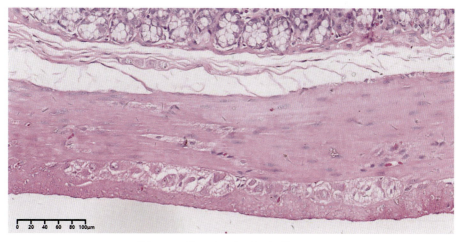

图 3-63　结肠（六）（肌间神经丛）

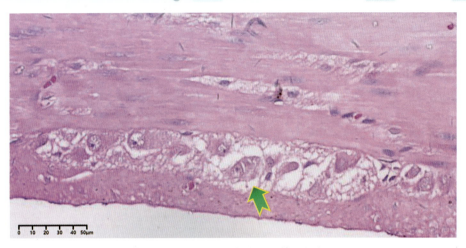

图 3-64 结肠（七）（肌间神经丛）

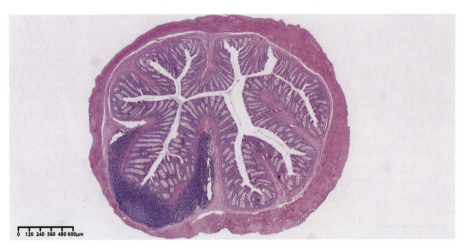

图 3-65 直肠（一）

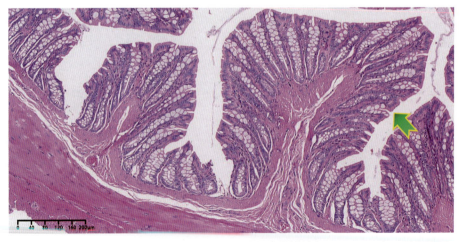

图 3-66 直肠（二）（宽大的皱襞）

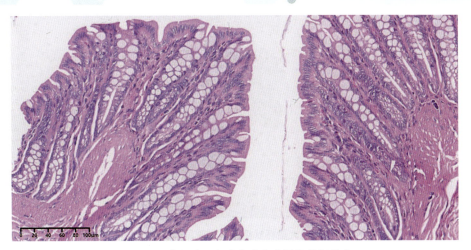

图 3-67　直肠（三）（上皮内大量杯状细胞）

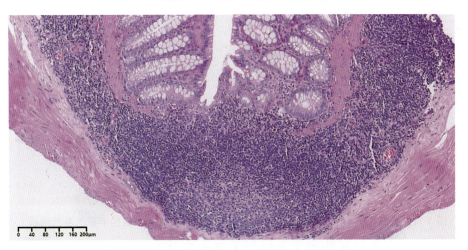

图 3-68　直肠（四）（黏膜下层丰富的淋巴组织）

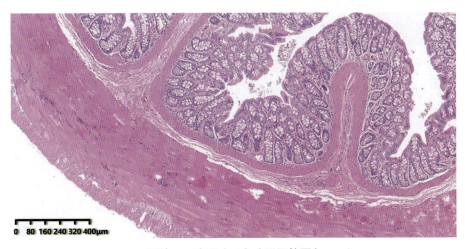

图 3-69　直肠（五）（肌层较厚）

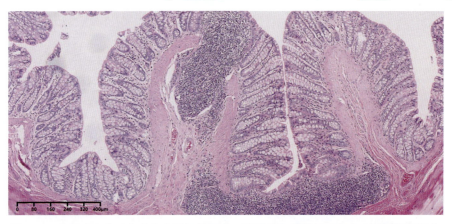

图3-70 直肠（六）（上皮内大量杯状细胞，黏膜层和黏膜下层内丰富的淋巴组织）

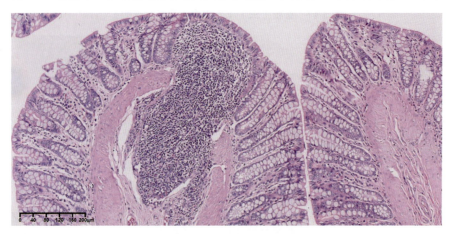

图3-71 直肠（七）（上皮内大量杯状细胞，黏膜层和黏膜下层内丰富的淋巴组织）

结肠常见自发性病变为肌层平滑肌变性（发生率为1%，6/600）（图3-72～图3-73）。

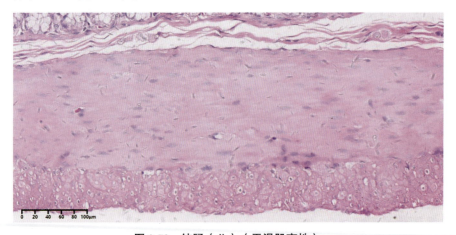

图3-72 结肠（八）（平滑肌变性）

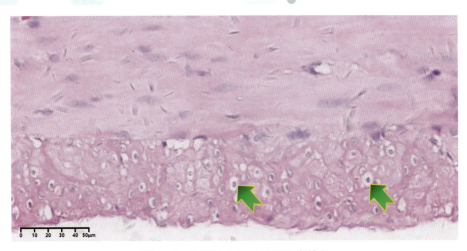

图 3-73 结肠（九）（平滑肌变性）

二、消化腺的镜下结构及常见自发性病变

1. 大唾液腺

大唾液腺包括腮腺、舌下腺、下颌下腺 3 对。腮腺是纯浆液性腺，闰管较长（图 3-74 ~ 图 3-76）；舌下腺为黏液腺（图 3-77 ~ 图 3-78）；下颌下腺是混合腺，以纯浆液腺泡为主，闰管较短（图 3-79 ~ 图 3-82）。

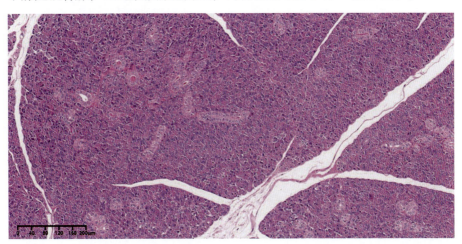

图 3-74 腮腺（一）

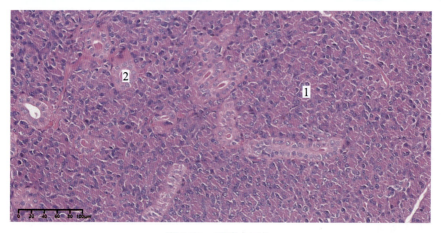

图 3-75 腮腺（二）

1. 浆液性腺；2. 导管

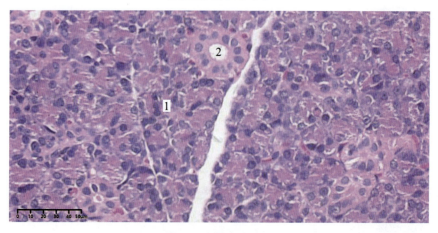

图 3-76 腮腺（三）

1. 浆液性腺；2. 导管

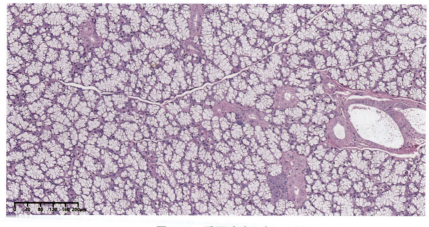

图 3-77 舌下腺（一）

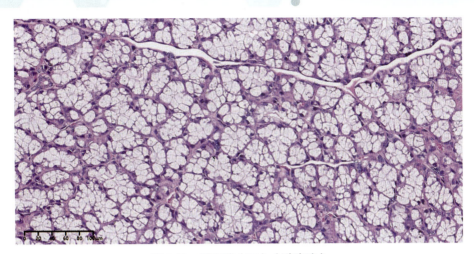

图 3-78 舌下腺（二）（黏液腺）

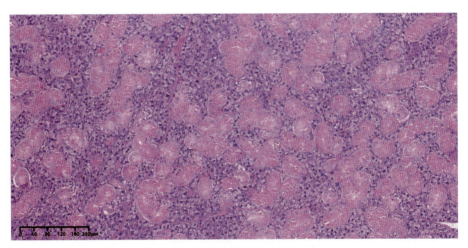

图 3-79 下颌下腺（一）

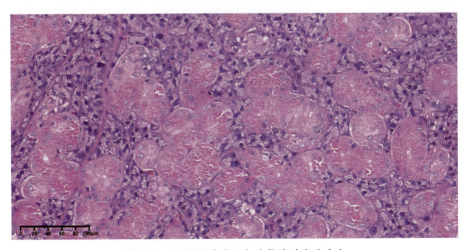

图 3-80 下颌下腺（二）（浆液腺泡为主）

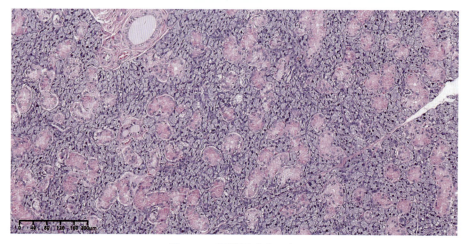

图 3-81　下颌下腺（三）

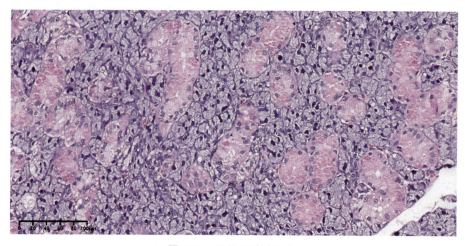

图 3-82　下颌下腺（四）

2. 胰腺

灰黄色、质地较柔软、似脂肪。外分泌部为浆液性复管泡状腺，腺泡细胞为锥体形，核靠基底部，顶部为众多嗜酸性的酶原颗粒；内分泌部的胰岛是色浅的球形细胞团，A 细胞（α 细胞）围绕在胰岛周边，B 细胞（β 细胞）在中央，数量多（图 3-83 ~ 图 3-85）。

第三章 消化系统

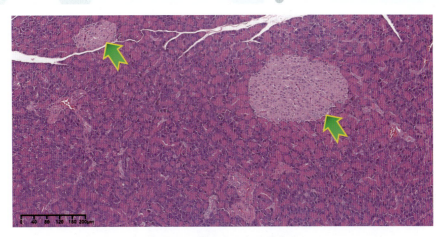

图 3-83 胰腺（一）（胰岛）

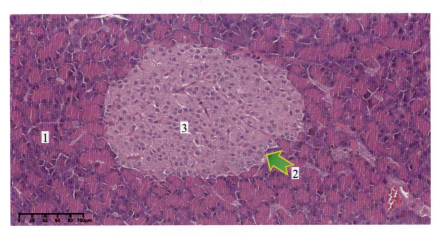

图 3-84 胰腺（二）

1.浆液腺泡；2.α 细胞；3.β 细胞

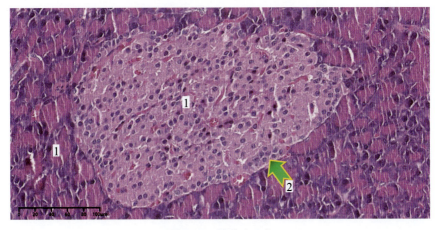

图 3-85 胰腺（三）

1.α 细胞；2.β 细胞

67

胰腺常见自发性病变包括胰腺腺泡小灶性坏死（发生率0.33%，2/600）和间质炎细胞浸润（发生率1.33%，8/600）（图3-86～图3-91）。

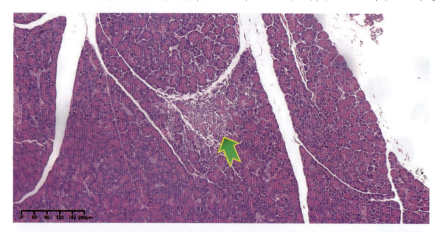

图3-86　胰腺（四）（腺泡小灶性坏死）

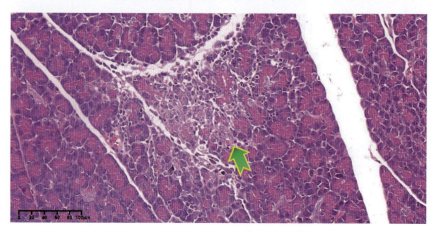

图3-87　胰腺（五）（腺泡小灶性坏死）

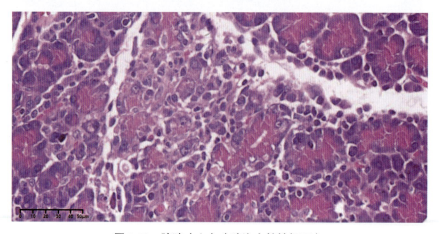

图3-88　胰腺（六）（腺泡小灶性坏死）

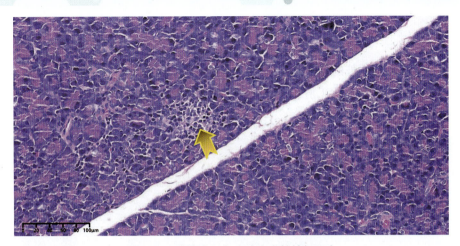

图 3-89 胰腺（七）（腺泡小灶性坏死）

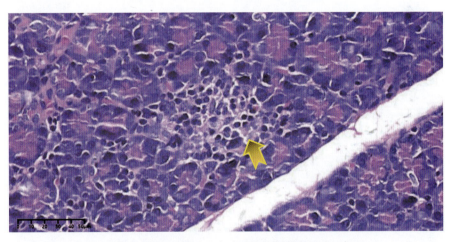

图 3-90 胰腺（八）（腺泡小灶性坏死）

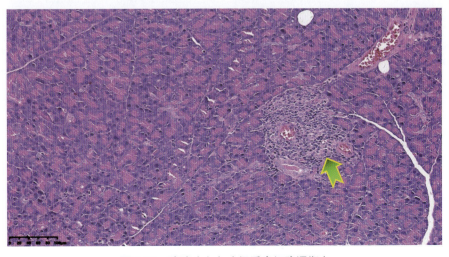

图 3-91 胰腺（九）（间质炎细胞浸润）

3. 肝

肝小叶为肝脏的基本结构单位，肝细胞以中央静脉为中心单行排列成凹凸不平的板状结构（肝板），相邻肝板互相吻合成迷路状。门管区结缔组织少（图3-92～图3-94）。

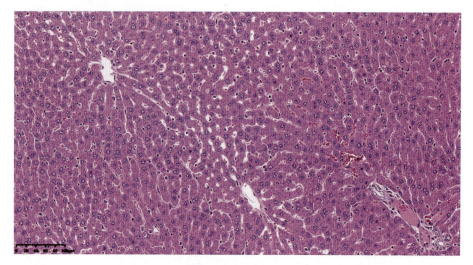

图3-92　肝（一）

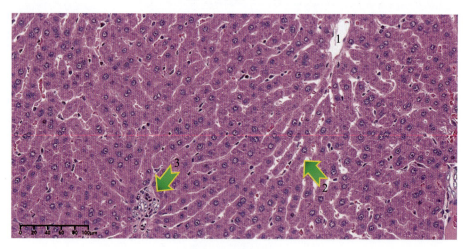

图3-93　肝（二）

1.中央静脉；2.肝细胞板；3.门管区

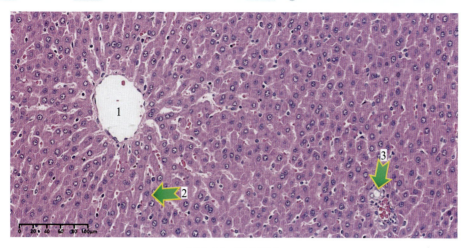

图 3-94　肝（三）

1. 中央静脉；2.肝细胞板；3.门管区

肝脏的常见自发性病变为肝细胞变性（发生率 9.33%，56/600）、肝细胞点灶状坏死（发生率 8.17%，49/600）、肝肉芽肿病变（发生率 13.33%，80/600）和门管区炎细胞浸润（发生率 9.5%，57/600）（图 3-95～图 3-107）。

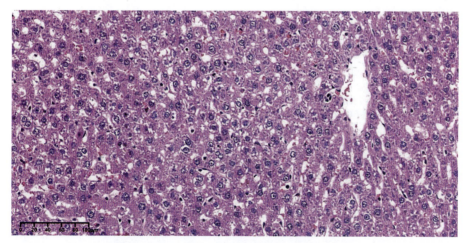

图 3-95　肝（四）[肝细胞变性（细胞水肿）]

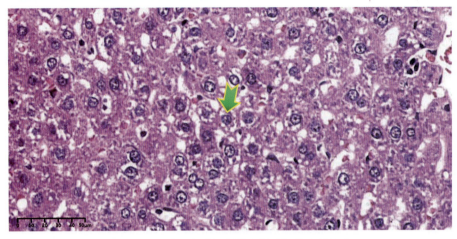

图 3-96　肝（五）[肝细胞变性（细胞水肿）]

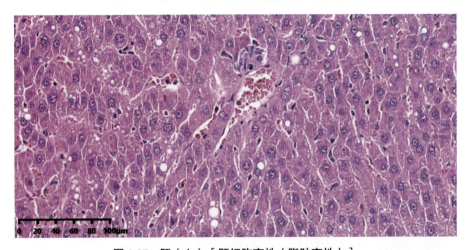

图 3-97　肝（六）[肝细胞变性（脂肪变性）]

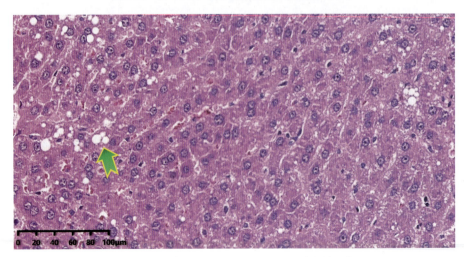

图 3-98　肝（七）[肝细胞变性（脂肪变性）]

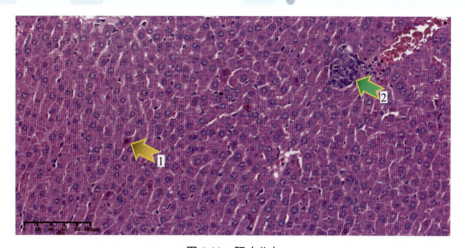

图 3-99　肝（八）

1.肝细胞变性（嗜酸性变）；2.点灶状坏死

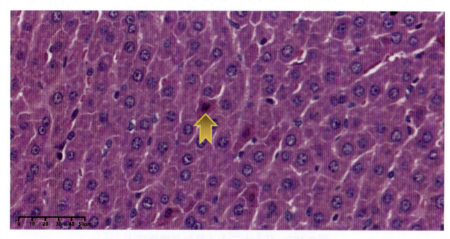

图 3-100　肝（九）［肝细胞变性（嗜酸性变）］

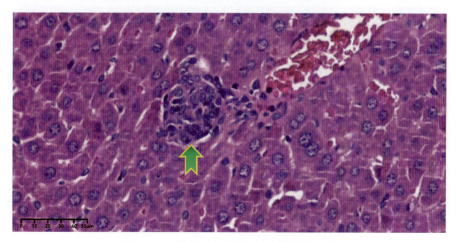

图 3-101　肝（十）（肝细胞点灶状坏死）

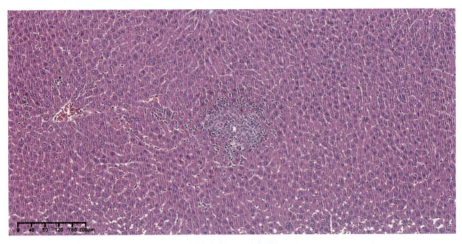

图 3-102　肝（十一）（肝肉芽肿病变）

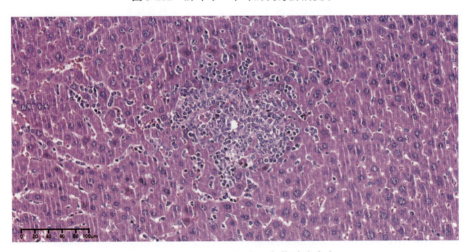

图 3-103　肝（十二）（肝肉芽肿病变）

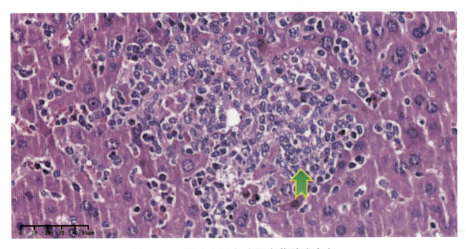

图 3-104　肝（十三）（肝肉芽肿病变）

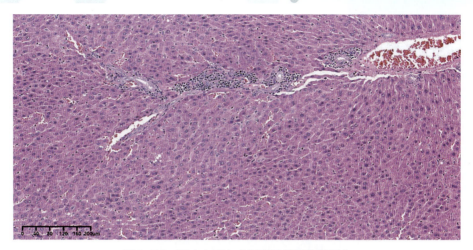

图 3-105　肝（十四）（门管区炎细胞浸润）

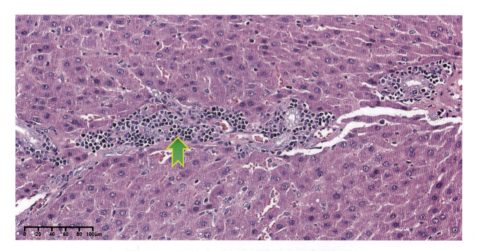

图 3-106　肝（十五）（门管区炎细胞浸润）

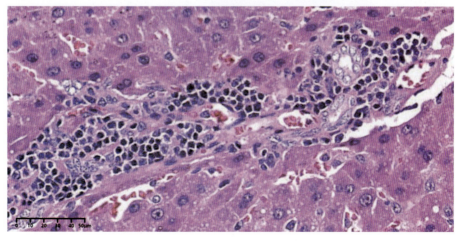

图 3-107　肝（十六）（门管区炎细胞浸润）

第四章

泌尿系统

一、肾的镜下结构及常见自发性病变

肾实质分为皮质和髓质，髓质突入肾盏内为肾乳头，SD 大鼠为单乳头和单肾盏肾。皮质主要由肾小体（包括肾小球和肾小囊）和近曲小管、远曲小管构成；髓质主要由髓袢、细段和集合管等组成（图 4-1～图 4-18）。

近曲小管为立方形或锥形细胞，胞体大，核圆位于近基底部；远曲小管上皮为立方形细胞，管腔大而规则，核位于细胞中央。致密斑是远端小管近肾小体侧的上皮细胞形成的椭圆形斑。

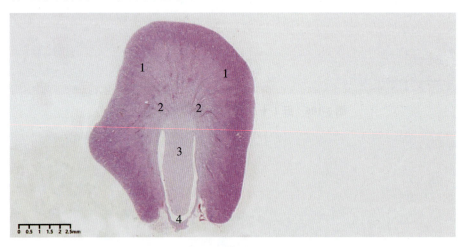

图 4-1　肾（一）
1.皮质；2.髓质；3.肾乳头；4.肾盏

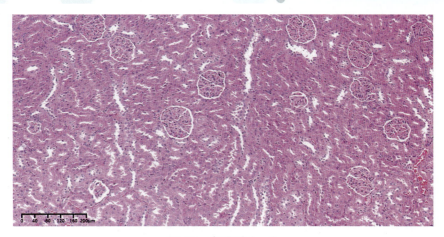

图 4-2　肾皮质（一）

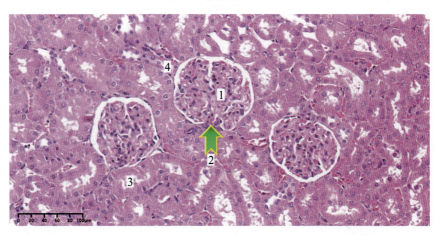

图 4-3　肾皮质（二）

1. 肾小球；2. 致密斑；3. 近曲小管；4. 远曲小管

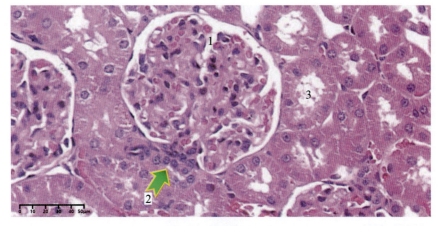

图 4-4　肾皮质（三）

1. 肾小球；2. 致密斑；3. 近曲小管

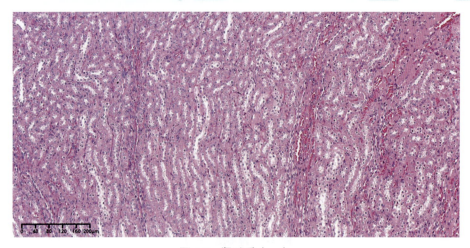

图 4-5　肾髓质（一）

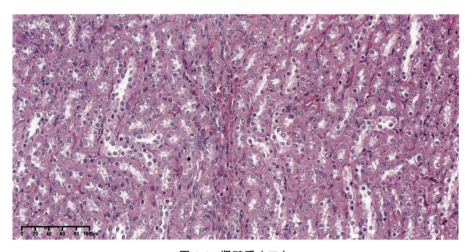

图 4-6　肾髓质（二）

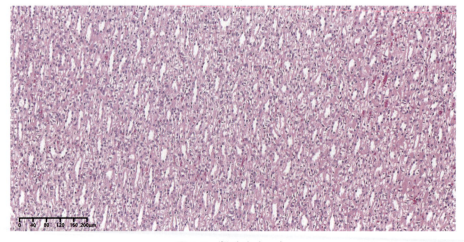

图 4-7　肾乳头（一）

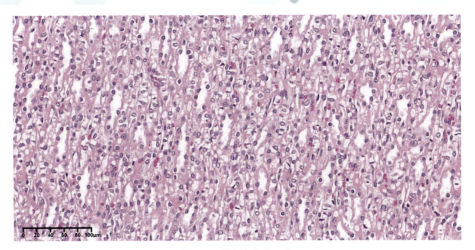

图 4-8 肾乳头(二)

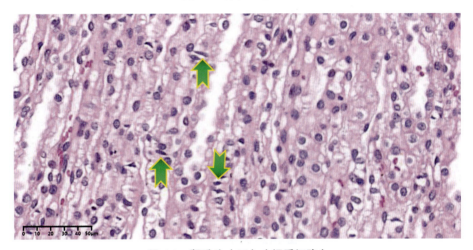

图 4-9 肾乳头(三)(间质细胞)

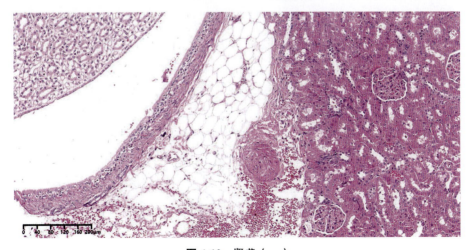

图 4-10 肾盏(一)

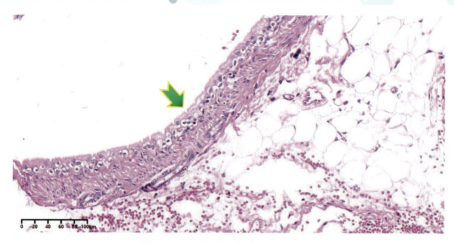

图 4-11　肾盏（二）（移行上皮）

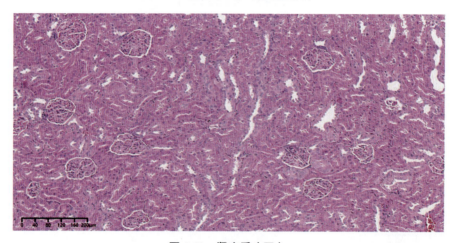

图 4-12　肾皮质（四）

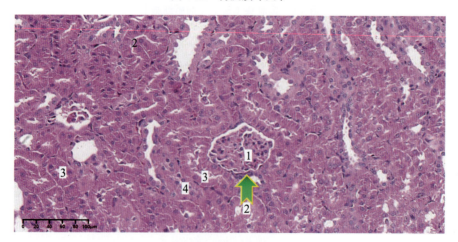

图 4-13　肾皮质（五）

1. 肾小球；2. 致密斑；3. 近曲小管；4. 远曲小管

第四章 泌尿系统

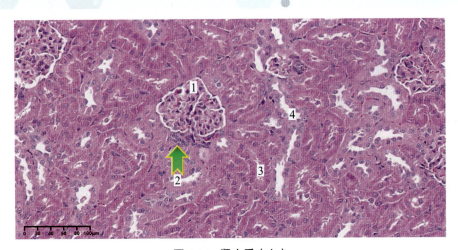

图 4-14　肾皮质（六）
1.肾小球；2.致密斑；3.近曲小管；4.远曲小管

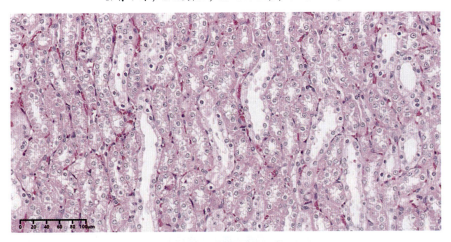

图 4-15　肾髓质（三）

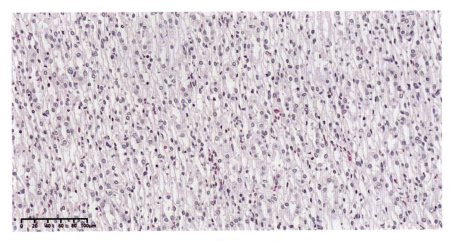

图 4-16　肾乳头（四）

81

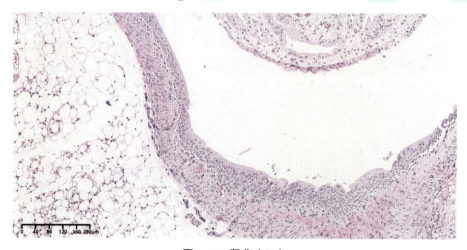

图 4-17　肾盏（三）

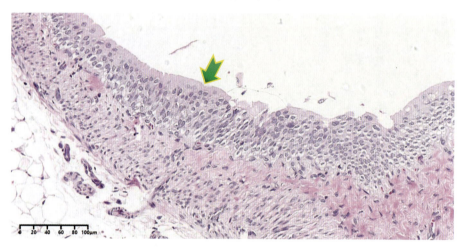

图 4-18　肾盏（四）（移行上皮）

肾常见自发性病变有肾间质淤血（发生率6.33%，38/600）、间质炎细胞浸润（发生率1.33%，8/600）、局灶性矿化（发生率0.83%，5/600）和肾近曲小管上皮细胞变性（发生率15%，90/600）（图4-19～图4-35）。

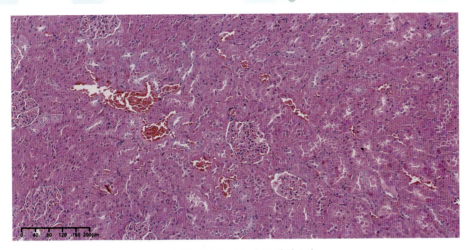

图 4-19 肾(二)(间质淤血)

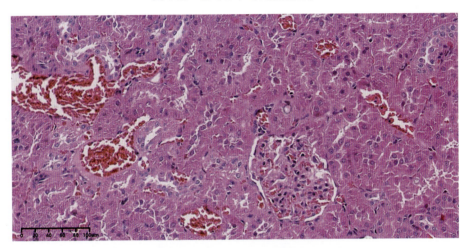

图 4-20 肾(三)(间质淤血)

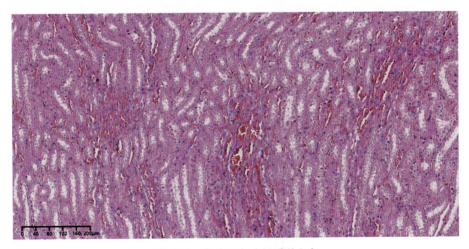

图 4-21 肾(四)(间质淤血)

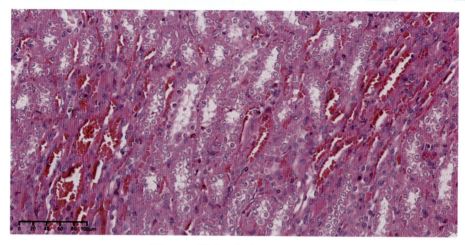

图 4-22　肾（五）（间质淤血）

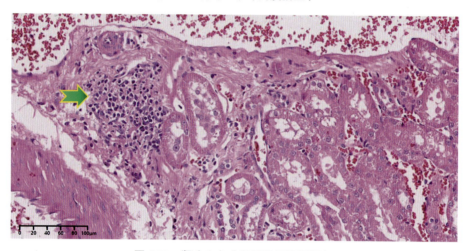

图 4-23　肾（六）（间质炎细胞浸润）

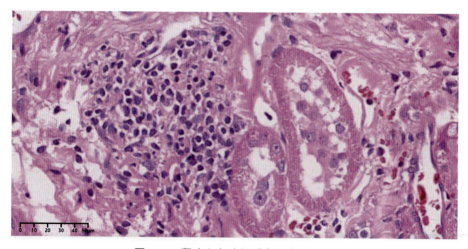

图 4-24　肾（七）（间质炎细胞浸润）

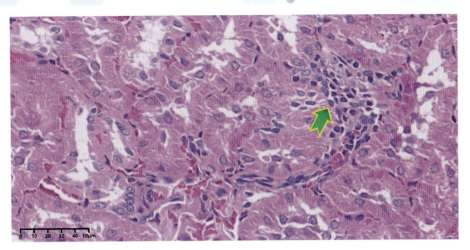

图 4-25　肾（八）（间质炎细胞浸润）

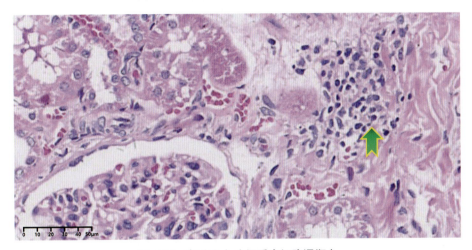

图 4-26　肾（九）（间质炎细胞浸润）

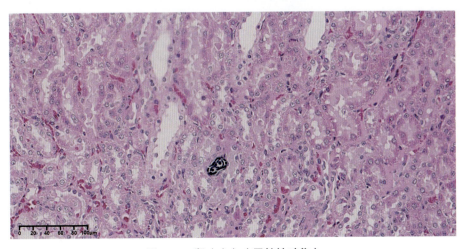

图 4-27　肾（十）（局灶性矿化）

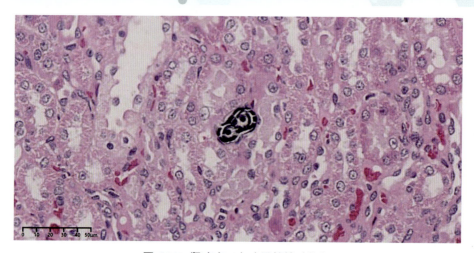

图 4-28　肾（十一）（局灶性矿化）

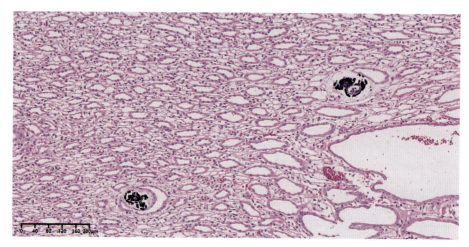

图 4-29　肾（十二）（局灶性矿化）

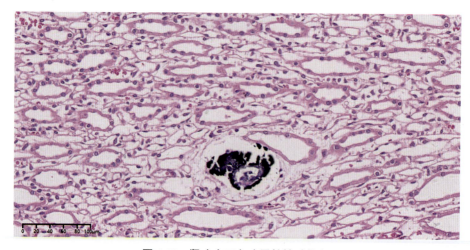

图 4-30　肾（十三）（局灶性矿化）

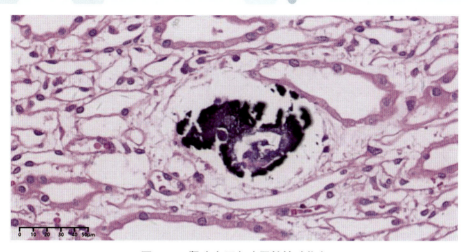

图 4-31　肾（十四）（局灶性矿化）

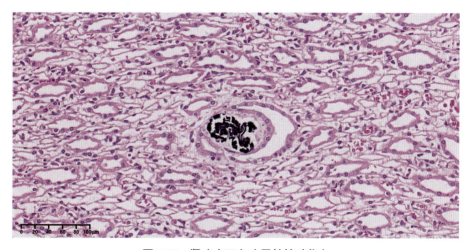

图 4-32　肾（十五）（局灶性矿化）

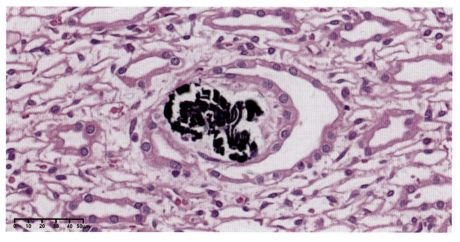

图 4-33　肾（十六）（局灶性矿化）

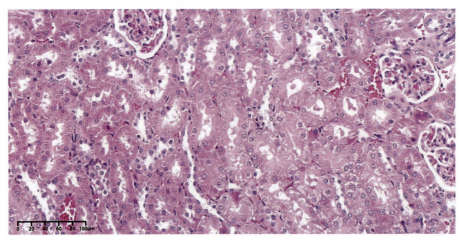

图 4-34 肾(十七)(局灶性近曲小管上皮细胞变性)

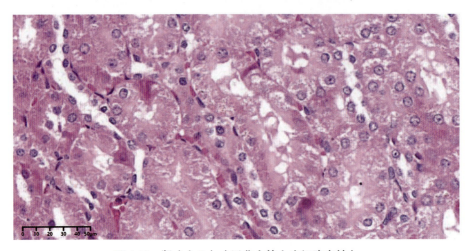

图 4-35 肾(十八)(近曲小管上皮细胞变性)

二、输尿管的镜下结构及常见自发性病变

输尿管管壁从内到外分黏膜(黏膜上皮为变移上皮)、肌层(内纵外环的平滑肌)和外膜(疏松结缔组织)3层(图 4-36~图 4-40)。

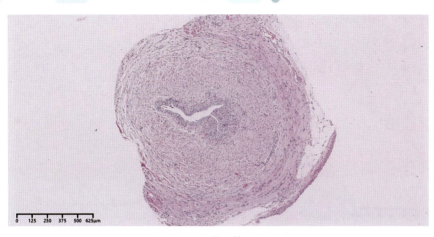

图 4-36 输尿管(一)

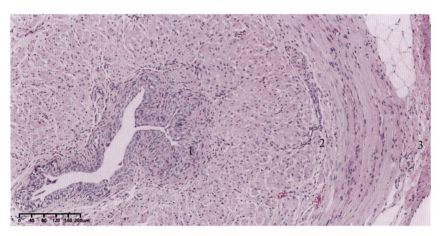

图 4-37 输尿管(二)

1. 黏膜; 2. 肌层; 3. 外膜

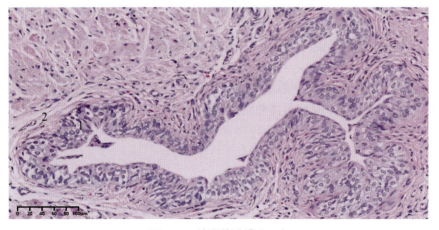

图 4-38 输尿管黏膜(一)

1. 变移上皮; 2. 固有结缔组织

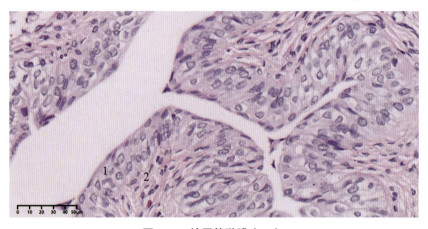

图 4-39　输尿管黏膜（二）

1. 变移上皮；2. 固有结缔组织

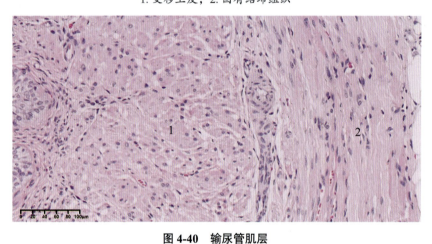

图 4-40　输尿管肌层

1. 纵形平滑肌；2. 环形平滑肌

三、膀胱的镜下结构及常见自发性病变

　　膀胱壁包括黏膜层、肌层和浆膜。黏膜上皮是变移上皮，肌层是内纵中环外纵的平滑肌，浆膜是疏松结缔组织/脂肪组织（图 4-41～图 4-55）。

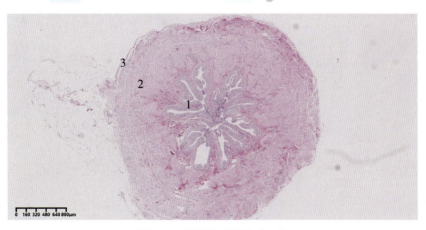

图 4-41　膀胱空虚状态（一）

1.黏膜层；2.肌层；3.浆膜

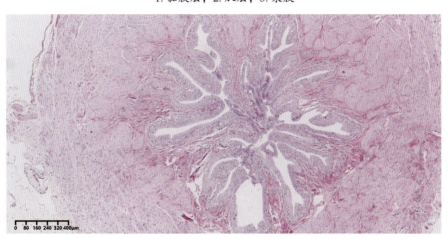

图 4-42　膀胱空虚状态（二）（黏膜皱襞多）

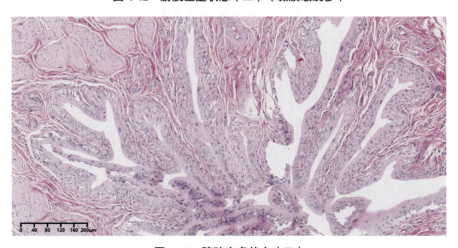

图 4-43　膀胱空虚状态（三）

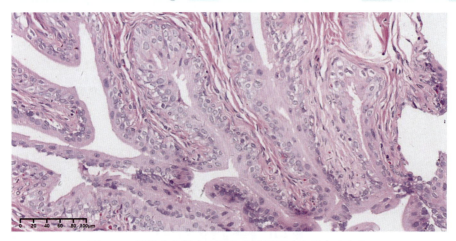

图 4-44 膀胱空虚状态（四）［黏膜层（变移上皮）］

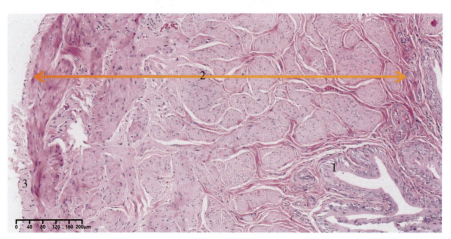

图 4-45 膀胱空虚状态（五）

1. 黏膜层；2. 肌层；3. 外膜

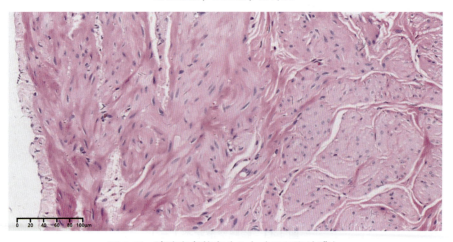

图 4-46 膀胱空虚状态（六）（肌层和外膜）

第四章 泌尿系统

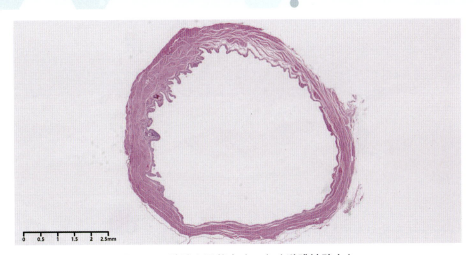

图 4-47 膀胱充盈状态（一）（黏膜皱襞少）

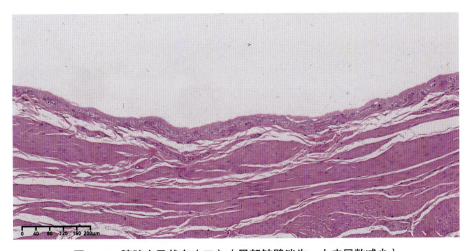

图 4-48 膀胱充盈状态（二）（局部皱襞消失，上皮层数减少）

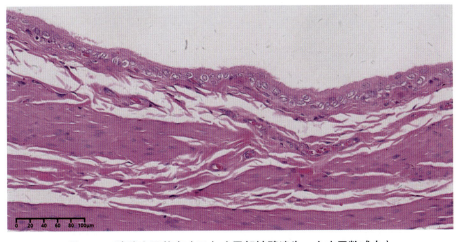

图 4-49 膀胱充盈状态（三）（局部皱襞消失，上皮层数减少）

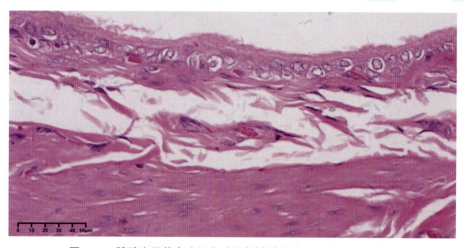

图 4-50　膀胱充盈状态（四）（局部皱襞消失，上皮层数减少）

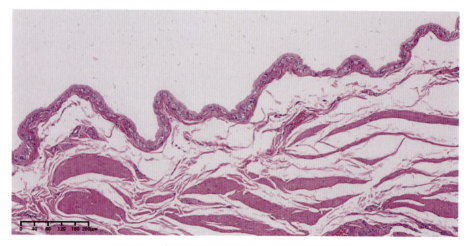

图 4-51　膀胱充盈状态（五）（黏膜皱襞变浅）

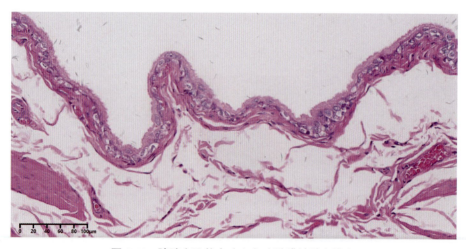

图 4-52　膀胱充盈状态（六）（黏膜皱襞变浅）

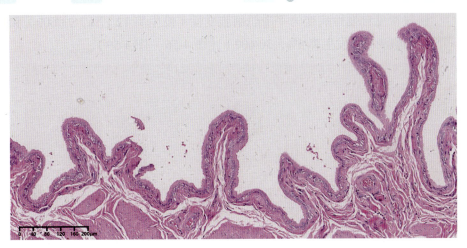

图 4-53 膀胱充盈状态（七）（黏膜上皮层数减少）

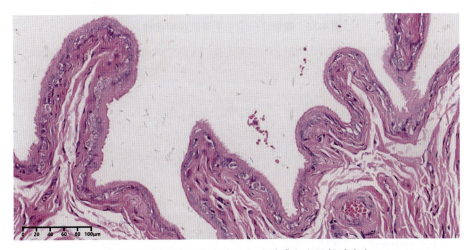

图 4-54 膀胱充盈状态（八）（黏膜上皮层数减少）

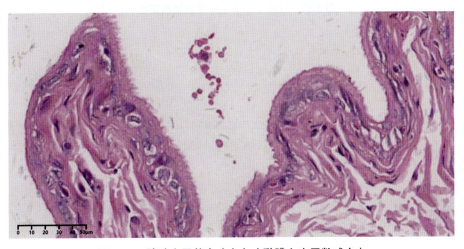

图 4-55 膀胱充盈状态（九）（黏膜上皮层数减少）

膀胱常见自发性病变为平滑肌细胞变性（发生率12.17%，73/600）和间质炎细胞浸润（发生率5%，30/600）（图4-56～图4-59）。

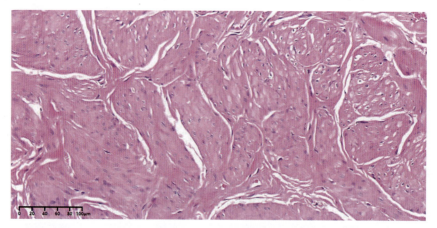

图4-56　膀胱（一）（平滑肌细胞变性）

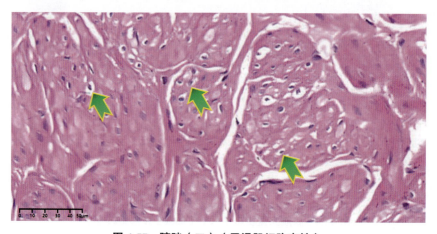

图4-57　膀胱（二）（平滑肌细胞变性）

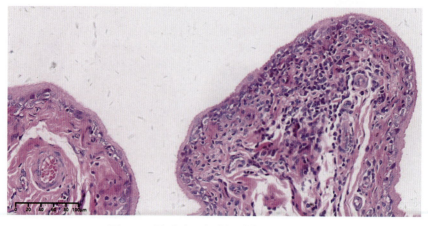

图4-58　膀胱（三）（间质炎细胞浸润）

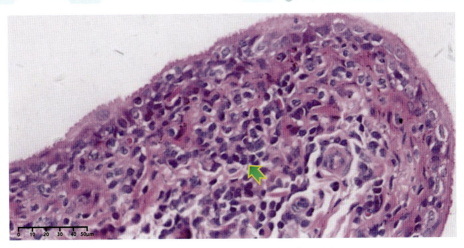

图 4-59　膀胱（四）（间质炎细胞浸润）

四、大鼠尿道的镜下结构及常见自发性病变

大鼠尿道壁由内至外包括黏膜（黏膜上皮为变移上皮）、肌层和外膜（纤维膜）3 层。尿道内口由平滑肌组成膀胱括约肌，雌性大鼠的尿道外口由横纹肌组成尿道阴道括约肌（图 4-60 ~ 图 4-70）。

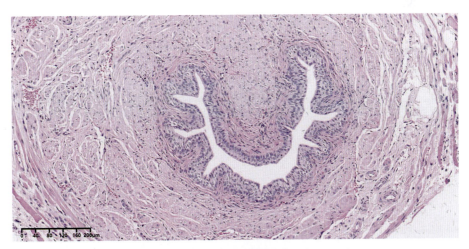

图 4-60　雌性大鼠尿道（一）

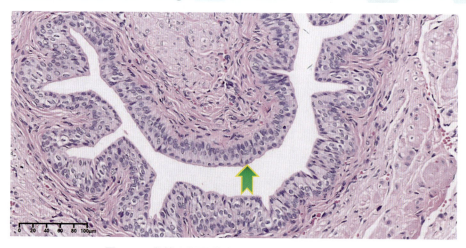

图 4-61　雌性大鼠尿道（二）（黏膜的变移上皮）

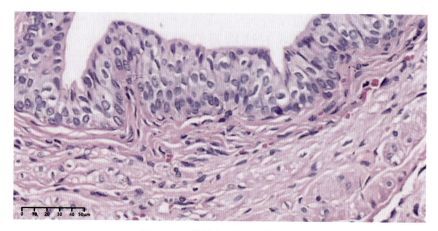

图 4-62　雌性大鼠尿道（三）

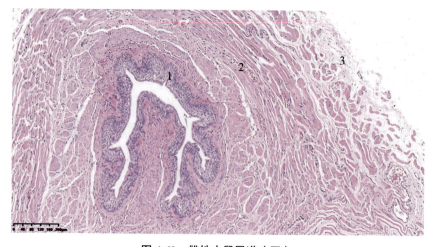

图 4-63　雌性大鼠尿道（四）
1.变移上皮；2.肌层；3.外膜

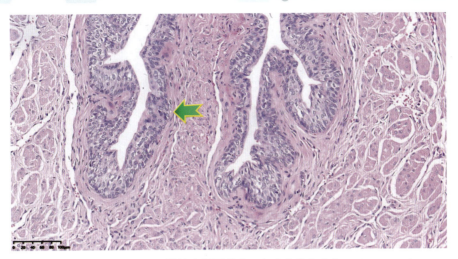

图 4-64　雌性大鼠尿道（五）（变移上皮）

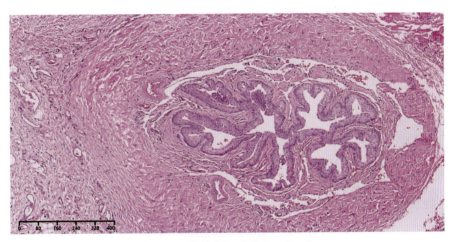

图 4-65　雄性大鼠尿道膜部（一）

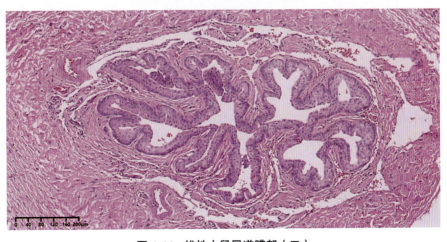

图 4-66　雄性大鼠尿道膜部（二）

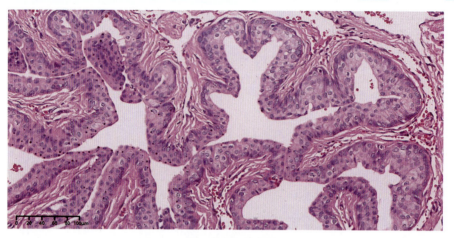

图 4-67　雄性大鼠尿道膜部（三）

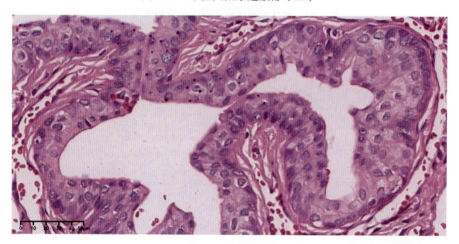

图 4-68　雄性大鼠尿道膜部（四）

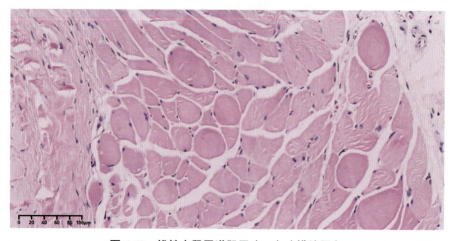

图 4-69　雄性大鼠尿道肌层（一）（横纹肌）

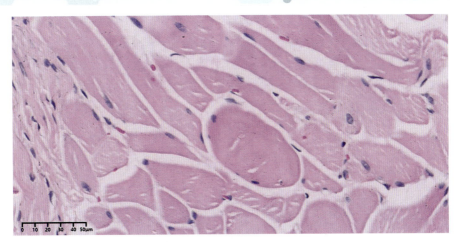

图 4-70　雄性大鼠尿道肌层（二）（横纹肌）

雄性大鼠尿道内常见黏液栓（图 4-71～图 4-74）。

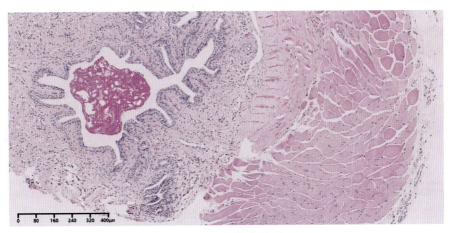

图 4-71　雄性大鼠尿道内黏液栓（一）

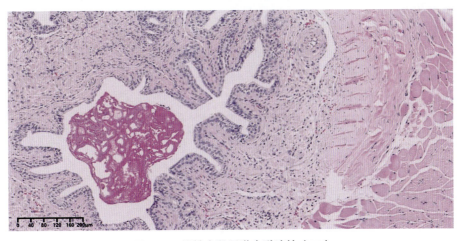

图 4-72　雄性大鼠尿道内黏液栓（二）

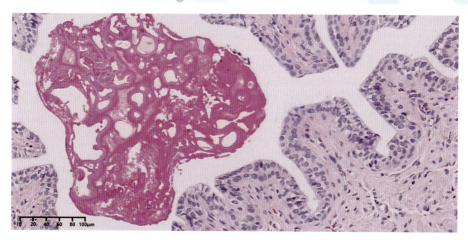

图 4-73　雄性大鼠尿道内黏液栓（三）

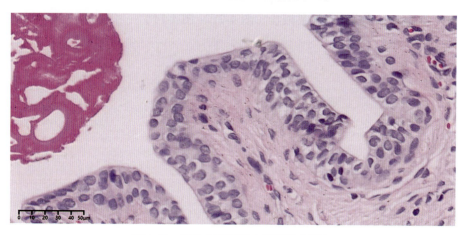

图 4-74　雄性大鼠尿道内黏液栓（四）

尿道常见自发性病变是上皮下淤血（发生率 0.33，2/600）（图 4-75 ~ 图 4-76）。

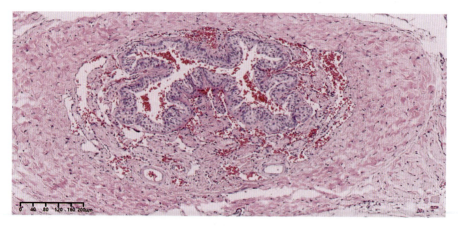

图 4-75　尿道　上皮下淤血（一）

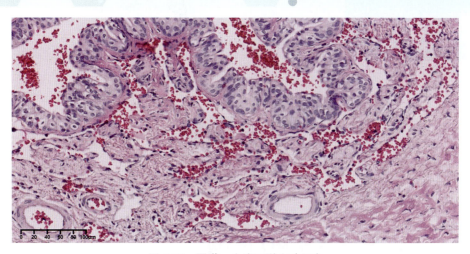

图 4-76　尿道　上皮下淤血（二）

第五章

神经系统

一、中枢神经系统的镜下结构

中枢神经系统（脑和脊髓）的实质分为灰质和白质。大脑半球和小脑的灰质居表面，又叫皮质；脊髓的灰质居中央，呈 H 形 / 蝴蝶形。

脑是中枢神经系统的最高级部分，一般由端脑（大脑半球）、间脑（丘脑、下丘脑等）、小脑和脑干（中脑、脑桥和延髓）组成。脑的前端是突出发达的嗅球（图 5-1）。

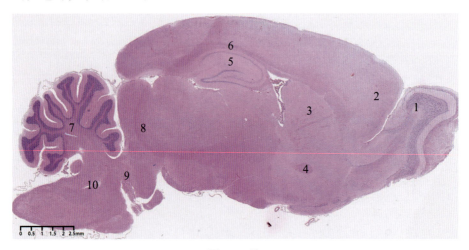

图 5-1 脑
1. 嗅球；2. 大脑皮质；3. 纹状体；4. 前连合；5. 海马结构；
6. 胼胝体；7. 小脑；8. 中脑；9. 脑桥；10. 延髓

在光镜下观察中枢神经系统的组织时可看到暗神经元。暗神经元常见于大脑皮质、海马、小脑皮质和脑干的胞质丰富的大型神经元，HE 染色典型特征为呈现单一色调，胞体和胞核均致密深染、胞核胞质收缩界限不清、尼氏体不清晰/不可见、周围缺乏组织反应［无反应性胶质细胞和（或）活化的小胶质细胞出现］，是最常见的组织学人工改变（图 5-18～图 5-22，图 5-45～图 5-57，图 5-66～图 5-67，图 5-69～图 5-75，图 5-77～图 5-79，图 5-115，图 5-127，图 5-134～5-135 及图 5-138）。

1. 嗅球

大鼠嗅球发达，表面光滑，缺少沟回。嗅球发出的纤维带称嗅束（图 5-2～图 5-7）。

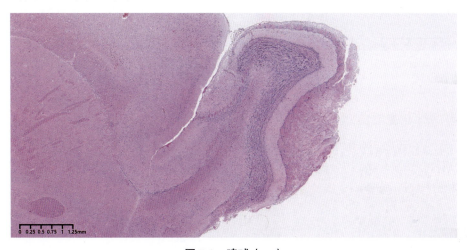

图 5-2　嗅球（一）

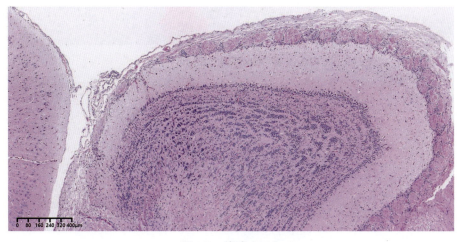

图 5-3　嗅球（二）

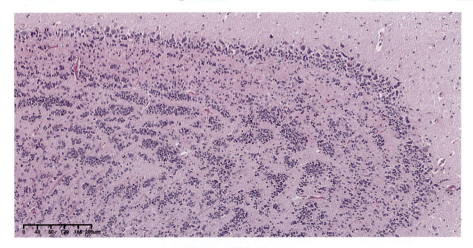

图 5-4　嗅球（三）

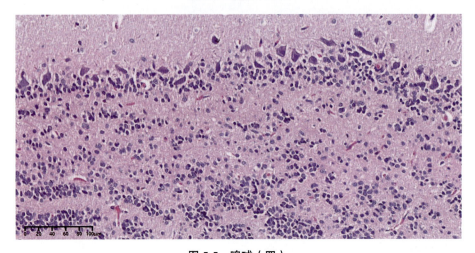

图 5-5　嗅球（四）

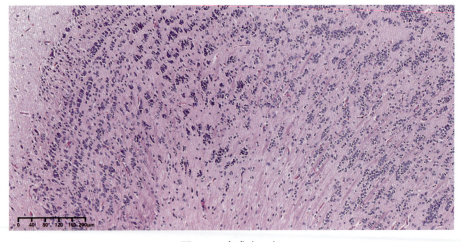

图 5-6　嗅球（五）

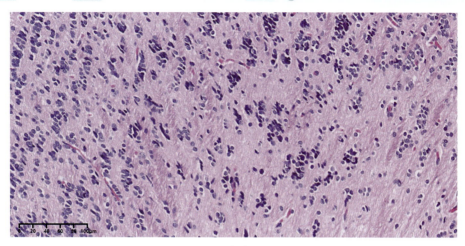

图 5-7 嗅球（六）

2. 端脑

（1）大脑皮质及常见自发性病变：大脑皮质的神经元为分层排列的多极神经元，一般分 6 层（从表面至深部）：分子层、外颗粒层（主要为大量密集的颗粒细胞和小锥体细胞）、外锥体细胞层、内颗粒层（密集的小星状细胞）、内锥体细胞层、多形细胞层（大量梭形细胞）（图 5-8 ~ 图 5-17）。

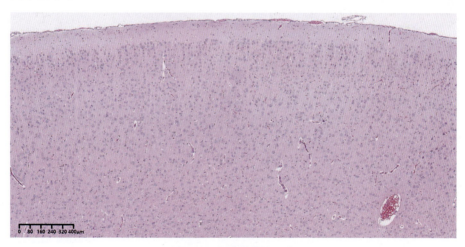

图 5-8 大脑皮质（一）

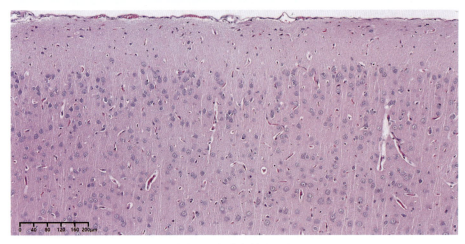

图 5-9 大脑皮质（二）

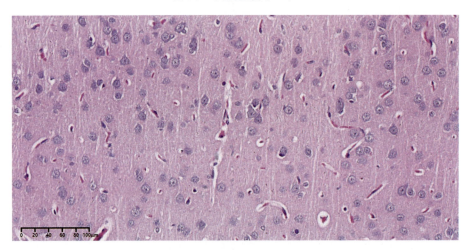

图 5-10 大脑皮质（三）

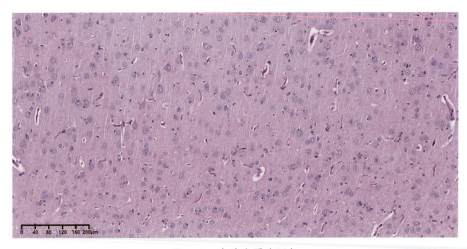

图 5-11 大脑皮质（四）

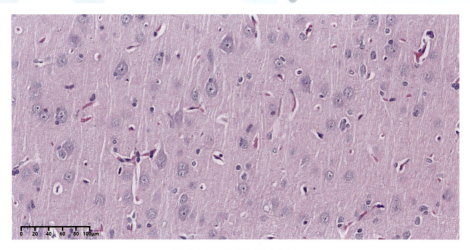

图 5-12　大脑皮质（五）

图 5-13　大脑皮质（六）

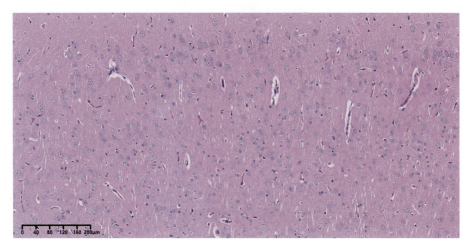

图 5-14　大脑皮质（七）

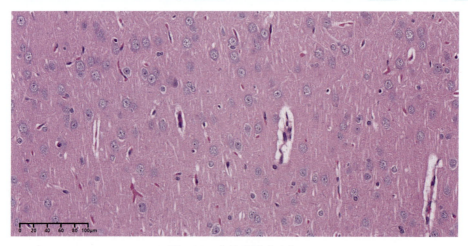

图 5-15　大脑皮质（八）

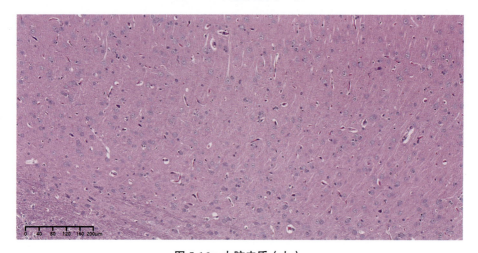

图 5-16　大脑皮质（九）

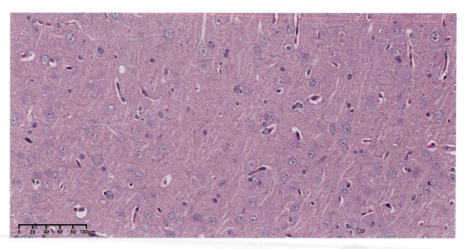

图 5-17　大脑皮质（十）

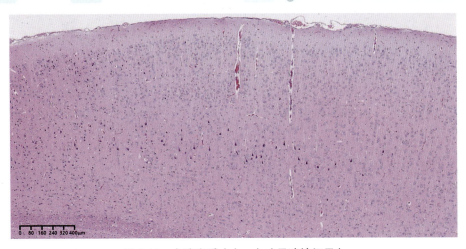

图 5-18　大脑皮质（十一）（见暗神经元）

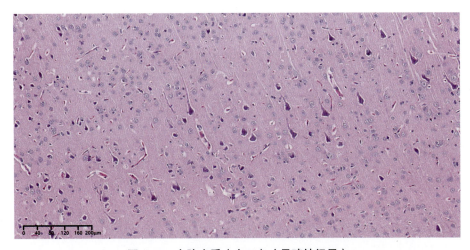

图 5-19　大脑皮质（十二）（见暗神经元）

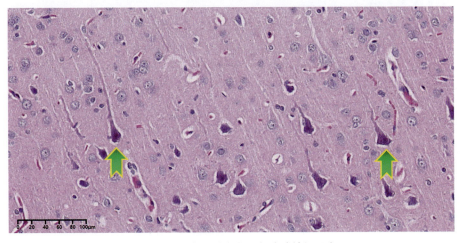

图 5-20　大脑皮质（十三）（暗神经元）

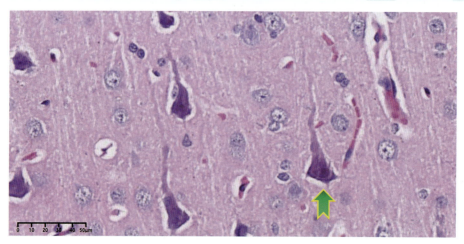

图 5-21　大脑皮质（十四）（暗神经元）

［受累胞体的长树突形成典型的开瓶器的螺旋状，胞体和长树突与相邻脑实质（神经纤维）分开形成空隙］

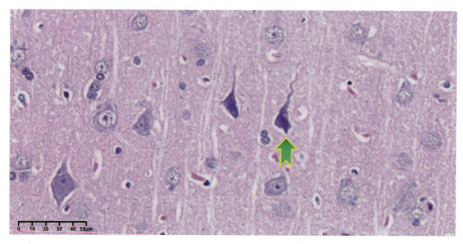

图 5-22　大脑皮质（十五）（暗神经元）

［受累胞体的长树突形成典型的开瓶器的螺旋状，胞体和长树突与相邻脑实质（神经纤维）分开形成空隙］

大脑皮质常见自发性病变为偶见嗜元现象（发生率 0.17%，1/600）（图 5-23 ~ 图 5-25）。

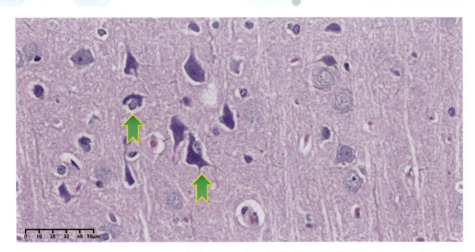

图 5-23　大脑皮质（十六）（嗜元现象）

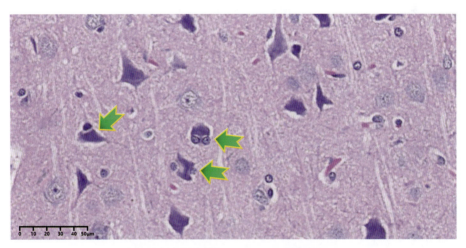

图 5-24　大脑皮质（十七）（嗜元现象）

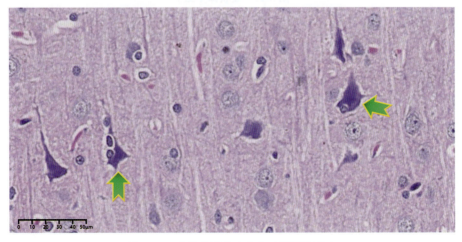

图 5-25　大脑皮质（十八）（嗜元现象）

（2）纹状体：为深入白质中的灰质核团（图5-26～图5-28）。

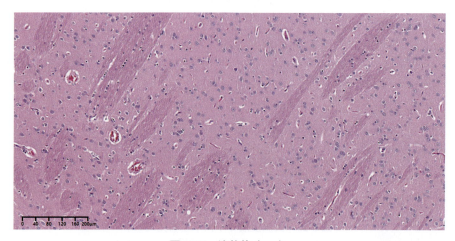

图5-26　纹状体（一）

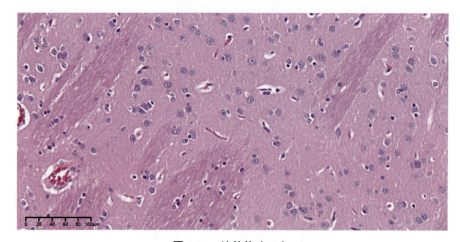

图5-27　纹状体（二）

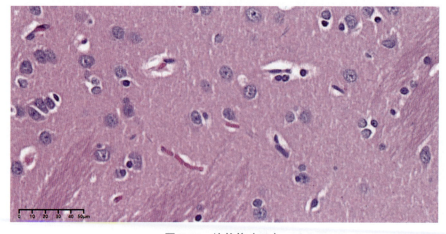

图5-28　纹状体（三）

（3）海马结构：海马结构由齿状回、海马和海马下托组成。海马分几个锥体细胞区，称为 CA 区（CA1～CA4）。组织学上齿状回和海马均是三层皮质区［包括分子层、锥体细胞层（海马）/颗粒细胞层（齿状回）和多形细胞层］，齿状回内布满了颗粒细胞，而海马 CA 区的主要神经元是锥体细胞。CA1 区由小锥体细胞组成 3 层皮层结构，对缺氧最敏感；CA2 区含最密集的锥体细胞，是由大锥体细胞组成的狭窄、致密的条带，对缺氧最为耐受，病变常不累及；CA3 区是由锥体细胞形成的松散条带区；CA4 被齿状回包绕，由大、小锥体细胞松散排列组成，两者对缺氧中度耐受（图 5-29～图 5-44）。

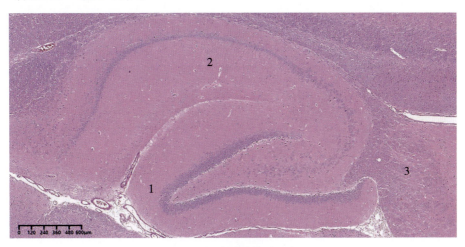

图 5-29　海马结构（一）

1. 齿状回；2. 海马；3. 海马伞

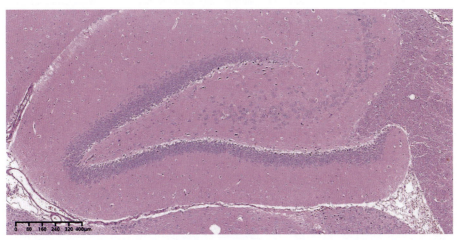

图 5-30　齿状回（一）

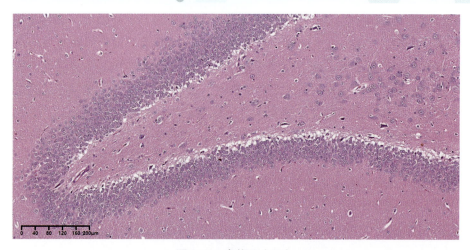

图 5-31　齿状回（二）

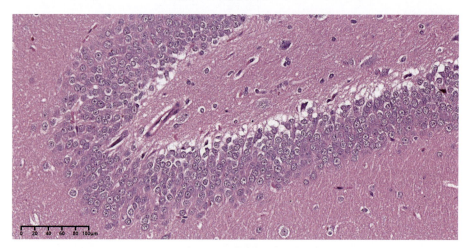

图 5-32　齿状回（三）

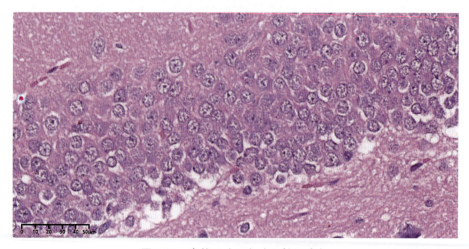

图 5-33　齿状回（四）（颗粒细胞）

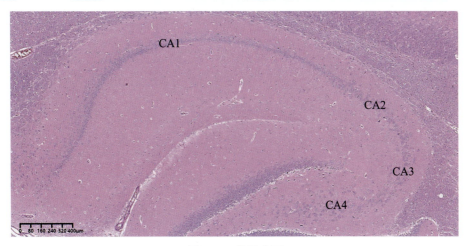

图 5-34 海马分区

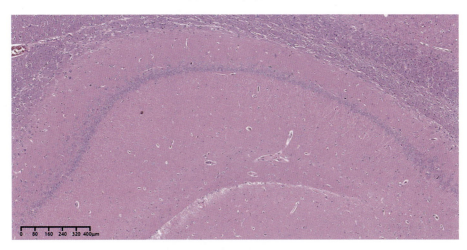

图 5-35 海马 CA1 区（一）

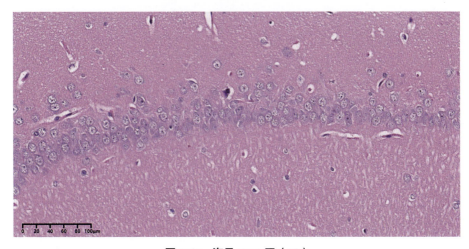

图 5-36 海马 CA1 区（二）

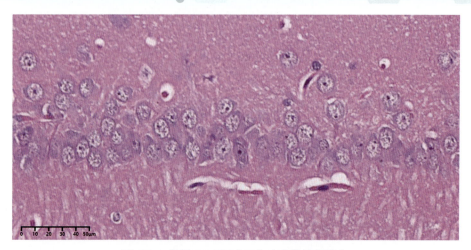

图 5-37　海马 CA1 区（三）（小锥体细胞）

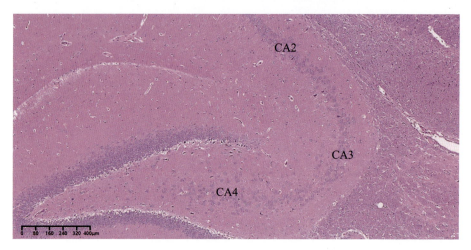

图 5-38　海马 CA2～CA4 区

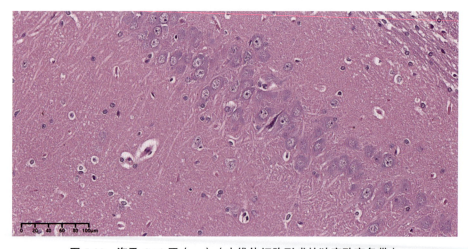

图 5-39　海马 CA2 区（一）（大锥体细胞形成的狭窄致密条带）

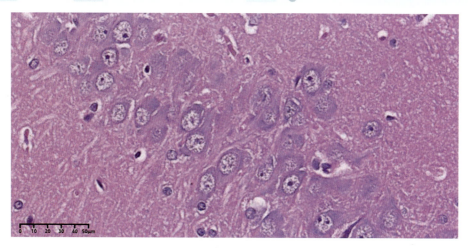

图 5-40　海马 CA2 区（二）

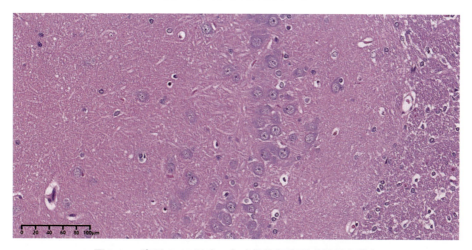

图 5-41　海马 CA3 区（一）（锥体细胞形成松散条带）

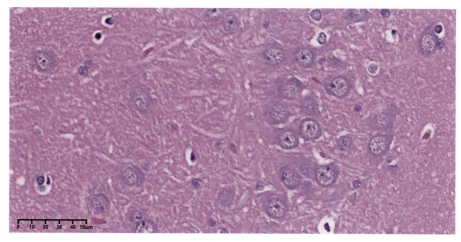

图 5-42　海马 CA3 区（二）

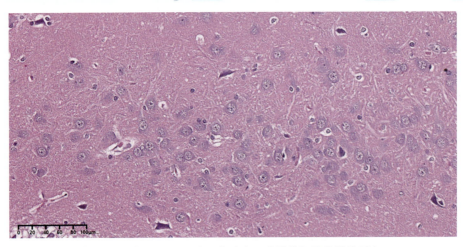

图 5-43　海马 CA4 区（一）（大、小锥体细胞松散排列）

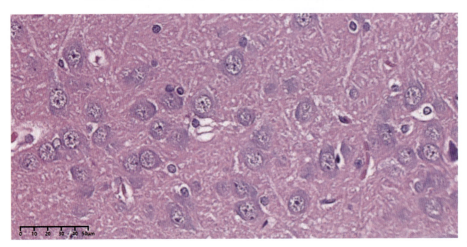

图 5-44　海马 CA4 区（二）

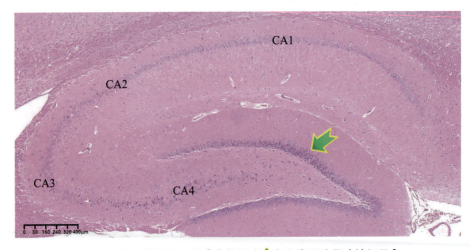

图 5-45　海马结构（二）［齿状回（⬆）和海马均见暗神经元］

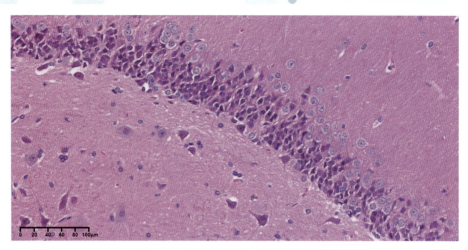

图 5-46 齿状回（五）（见暗神经元）

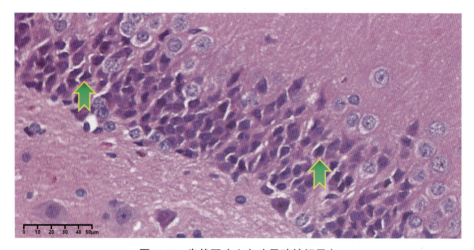

图 5-47 齿状回（六）（见暗神经元）

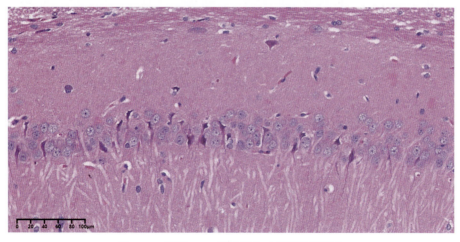

图 5-48 海马 CA1 区（四）（见暗神经元）

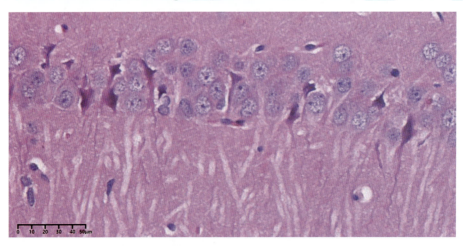

图 5-49　海马 CA1 区（五）（见暗神经元）

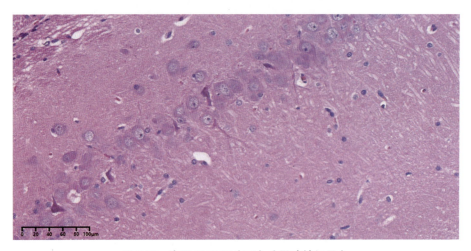

图 5-50　海马 CA2 区（三）（见暗神经元）

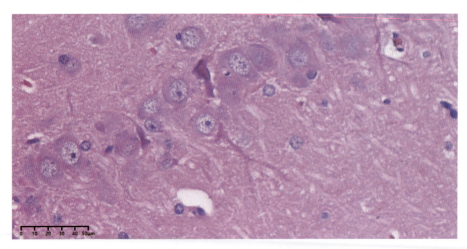

图 5-51　海马 CA2 区（四）（见暗神经元）

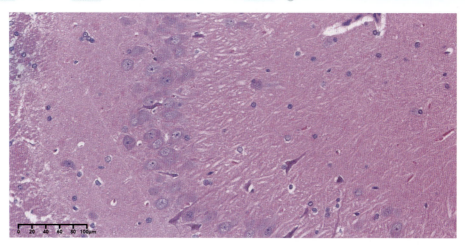

图 5-52　海马 CA3 区（三）（见暗神经元）

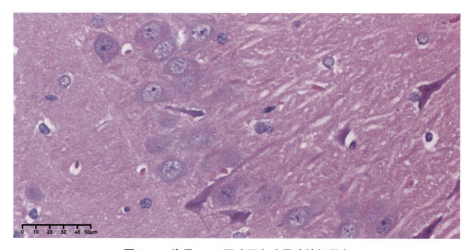

图 5-53　海马 CA3 区（四）（见暗神经元）

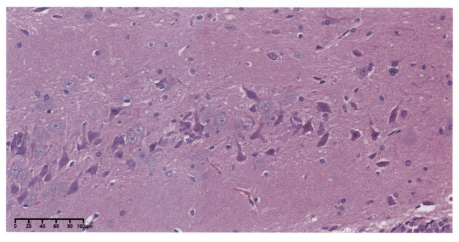

图 5-54　海马 CA4 区（三）（见暗神经元）

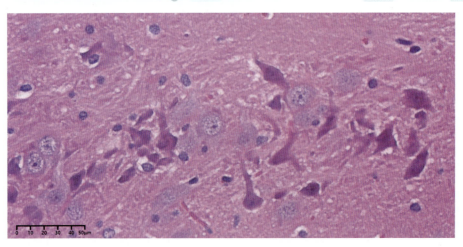

图 5-55　海马 CA4 区（四）（见暗神经元）

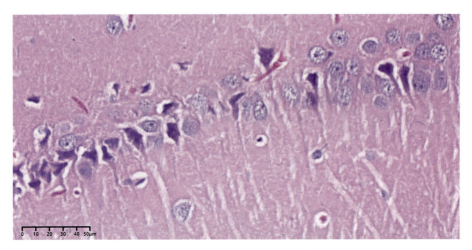

图 5-56　海马 CA1 区（六）（见暗神经元）

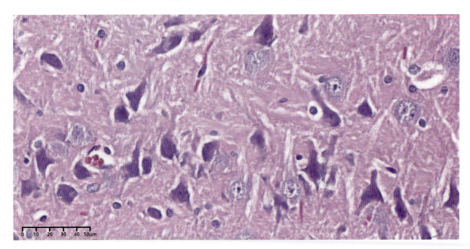

图 5-57　海马 CA4 区（五）（见暗神经元）

(4)胼胝体:主要为有髓神经纤维(图 5-58 ~ 图 5-60)。

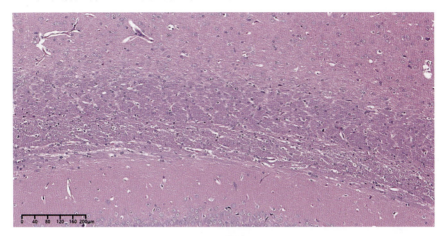

图 5-58　胼胝体(一)

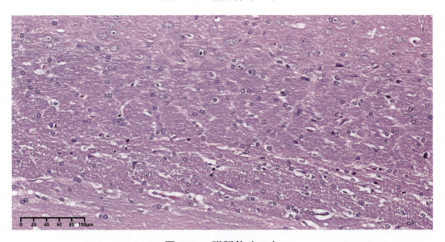

图 5-59　胼胝体(二)

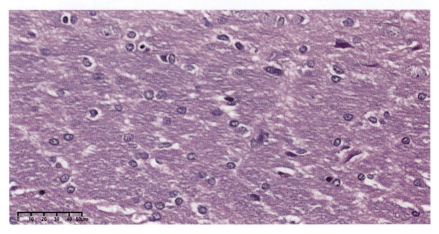

图 5-60　胼胝体(三)

3. 小脑皮质

呈现明显的三层（从表面至深部）：分子层、浦肯野细胞层和颗粒层。分子层含大量神经纤维和少而分散的神经元（星形细胞和篮状细胞）；浦肯野细胞层由一层排列规则的浦肯野细胞胞体构成；颗粒层含密集的颗粒细胞和一些高尔基细胞（图 5-61～图 5-65）。

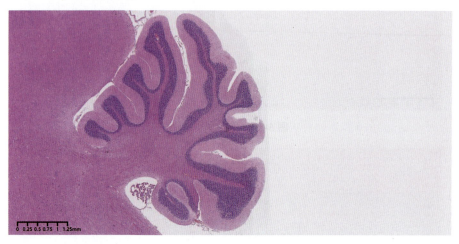

图 5-61　小脑（一）

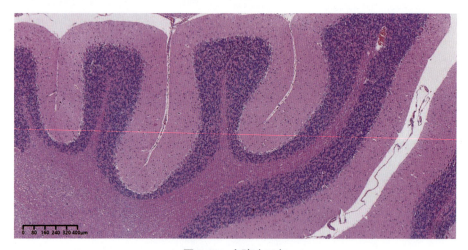

图 5-62　小脑（二）

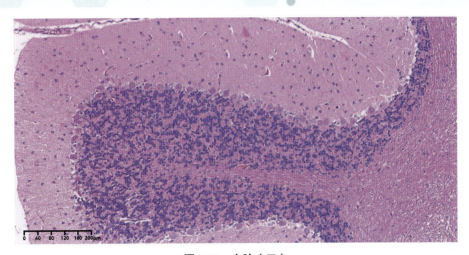

图 5-63　小脑（三）

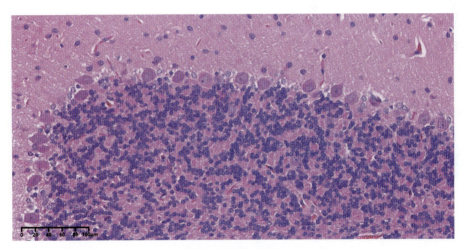

图 5-64　小脑（四）

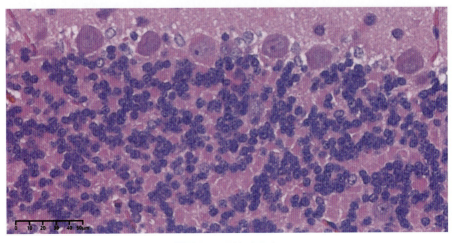

图 5-65　小脑（五）

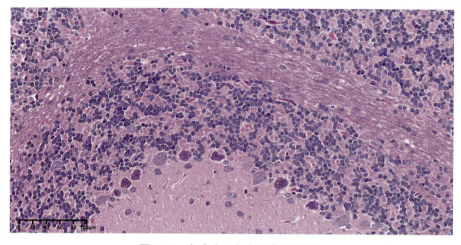

图 5-66 小脑（六）（见暗神经元）

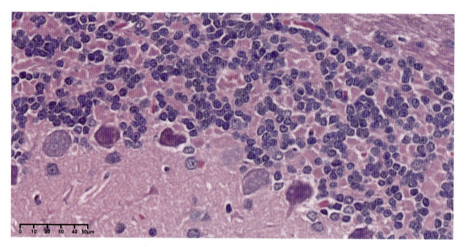

图 5-67 小脑（七）（见暗神经元）

4. 脑干

脑干包括中脑、脑桥和延脑。中脑有视反射中枢和听觉反射中枢；脑桥为联系大脑与小脑后脑的一部分；延脑前端接脑桥，后端接脊髓。脑干的灰质不形成皮层，神经细胞形成核群（图 5-68～图 5-79）。

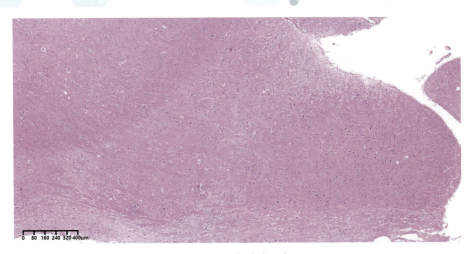

图 5-68　中脑（一）

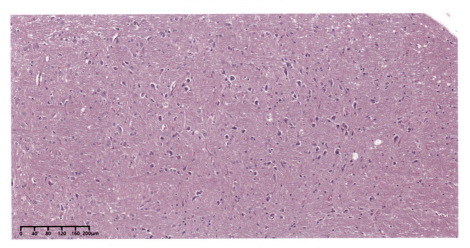

图 5-69　中脑（二）（神经细胞核群，见暗神经元）

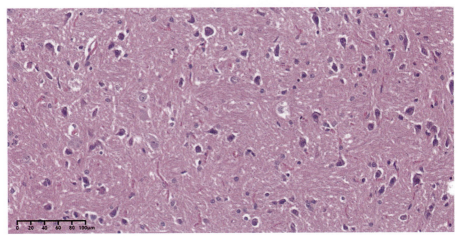

图 5-70　中脑（三）（神经细胞核群，见暗神经元）

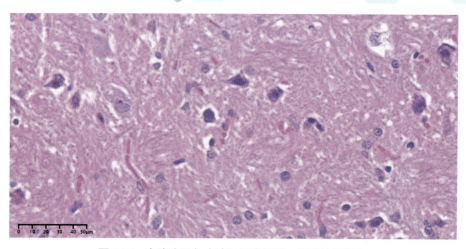

图 5-71　中脑（四）（神经细胞核群，见暗神经元）

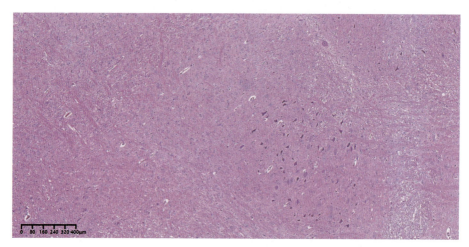

图 5-72　脑桥（一）（神经细胞核群，见暗神经元）

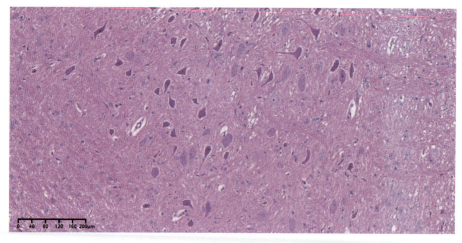

图 5-73　脑桥（二）（神经细胞核群，见暗神经元）

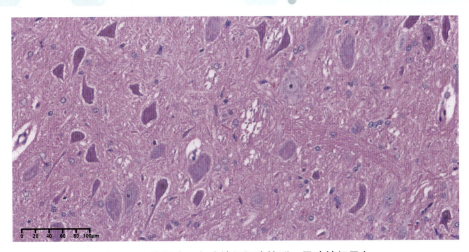

图 5-74 脑桥（三）（神经细胞核群，见暗神经元）

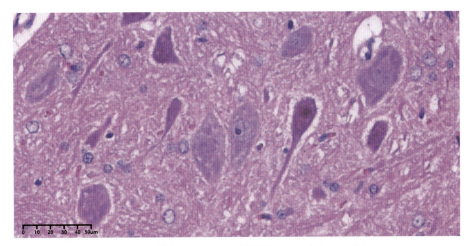

图 5-75 脑桥（四）（神经细胞核群，见暗神经元）

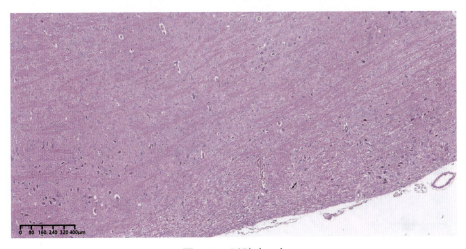

图 5-76 延髓（一）

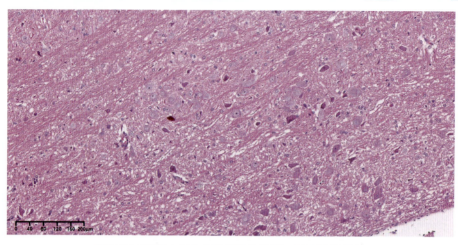

图 5-77　延髓（二）（神经细胞核群，见暗神经元）

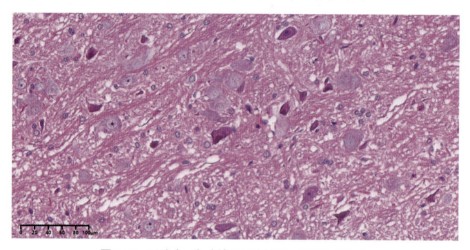

图 5-78　延髓（三）（神经细胞核群，见暗神经元）

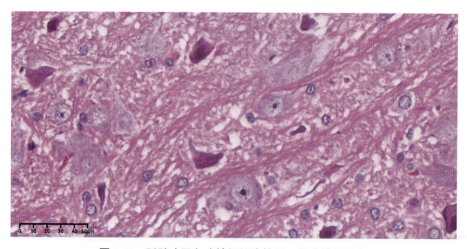

图 5-79　延髓（四）（神经细胞核群，见暗神经元）

5. 脊髓灰质

脊髓灰质主要由神经元胞体构成，呈 H 形或蝶形，有一对腹侧角（前角）和一对背侧角（后角）。腹侧角内有运动神经元的胞体，背侧角含各种中间神经元的胞体（图 5-80 ~ 图 5-99，图 5-102 ~ 图 5-118，图 5-121 ~ 图 5-122 及图 5-124 ~ 图 5-138）。

在脊髓白质可看到白质空泡变（图 5-101 及图 5-120），这是由于脑组织富含脂质，在组织学处理过程中，标本浸泡于 70% 乙醇中时间过长所致的一种人工改变。白质空泡变常广泛分布于有髓神经纤维区域，灰质神经纤维也可空泡变（图 5-100，图 5-105，图 5-119 及图 5-123）。

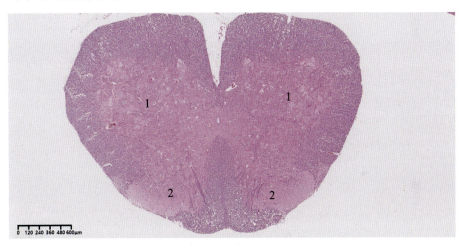

图 5-80　颈髓（一）

1. 腹侧角；2. 背侧角

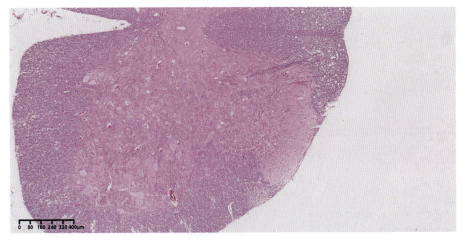

图 5-81　颈髓（二）

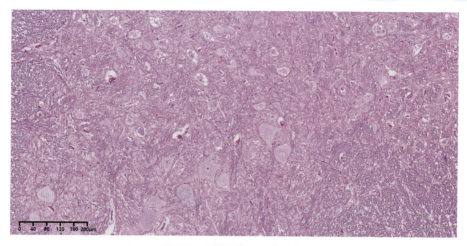

图 5-82　颈髓腹侧角（一）

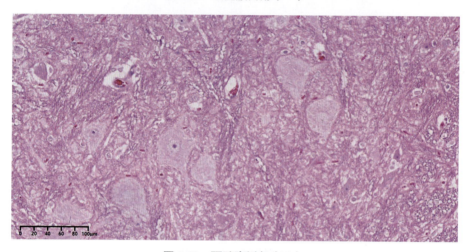

图 5-83　颈髓腹侧角（二）

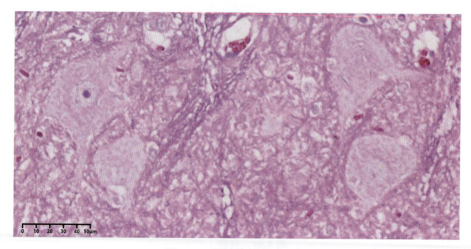

图 5-84　颈髓腹侧角（三）

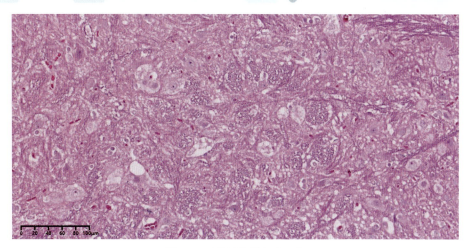

图 5-85 颈髓背侧角（一）

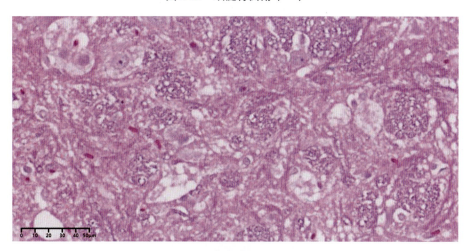

图 5-86 颈髓背侧角（二）

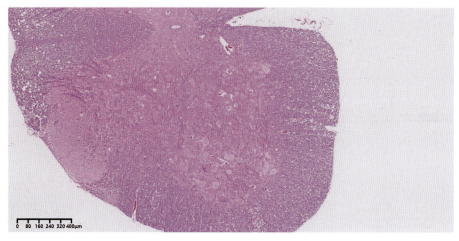

图 5-87 颈髓（三）

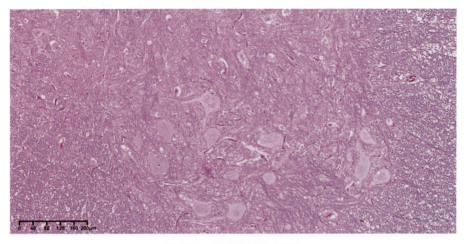

图 5-88　颈髓腹侧角（四）

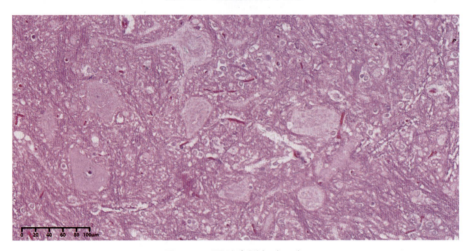

图 5-89　颈髓腹侧角（五）

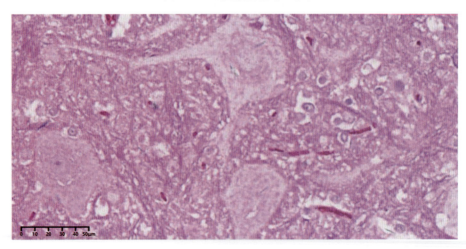

图 5-90　颈髓腹侧角（六）

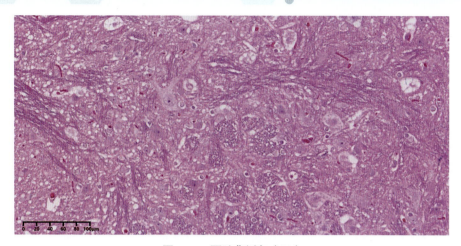

图 5-91 颈髓背侧角（三）

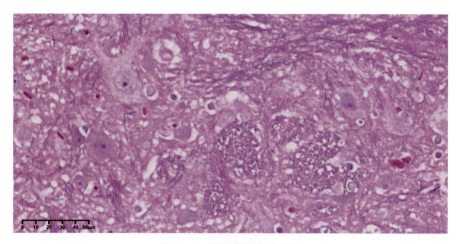

图 5-92 颈髓背侧角（四）

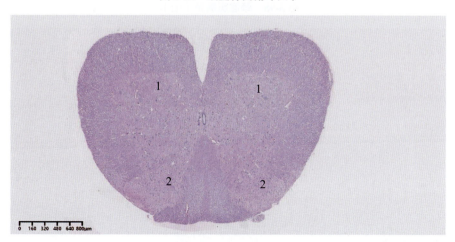

图 5-93 颈髓（四）

1. 腹侧角；2. 背侧角

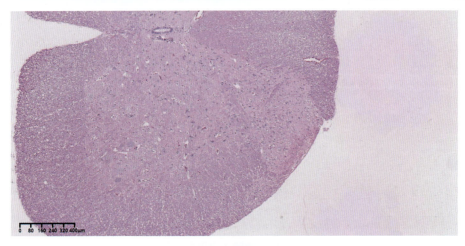

图 5-94 颈髓（五）

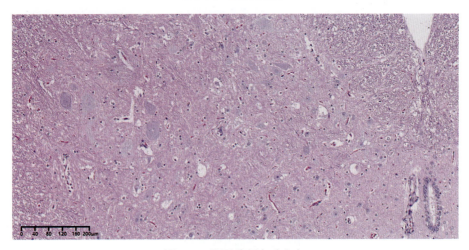

图 5-95 颈髓腹侧角（七）

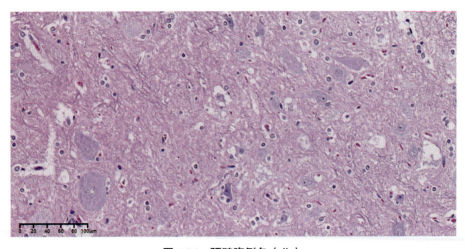

图 5-96 颈髓腹侧角（八）

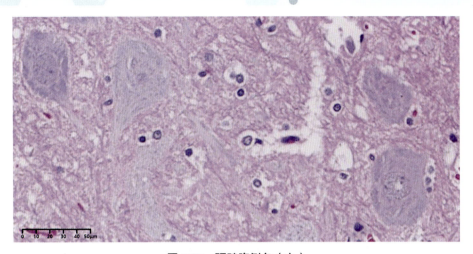

图 5-97　颈髓腹侧角（九）

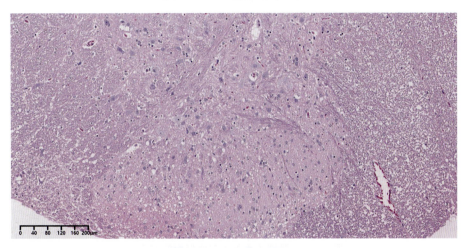

图 5-98　颈髓背侧角（五）

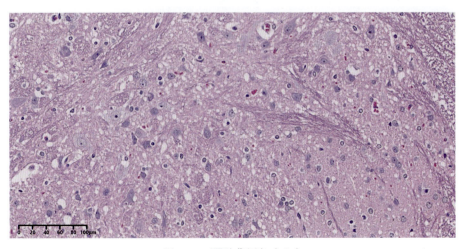

图 5-99　颈髓背侧角（六）

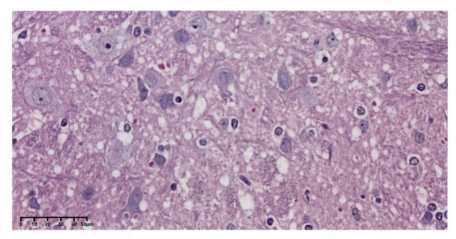

图 5-100　颈髓背侧角（七）（灰质神经纤维轻度空泡变）

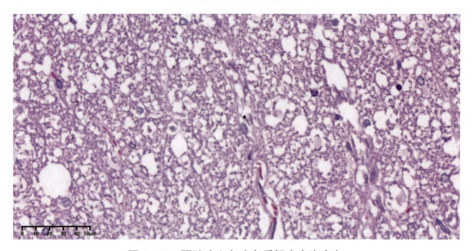

图 5-101　颈髓（六）（白质轻度空泡变）

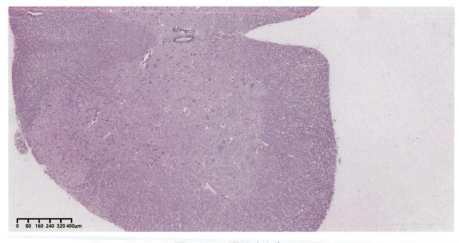

图 5-102　颈髓（七）

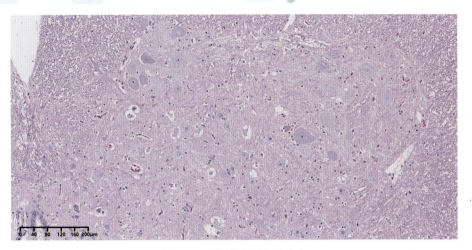

图 5-103　颈髓腹侧角（十）

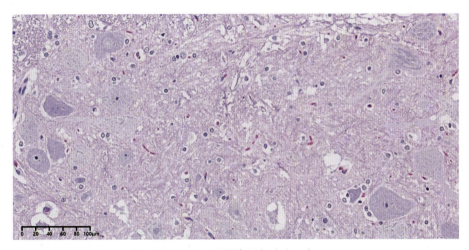

图 5-104　颈髓腹侧角（十一）

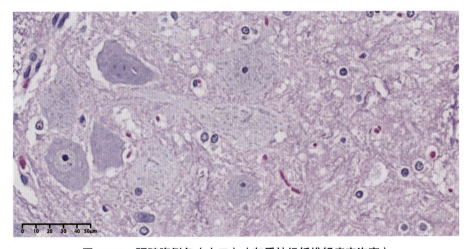

图 5-105　颈髓腹侧角（十二）（灰质神经纤维轻度空泡变）

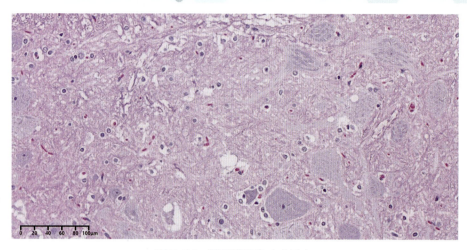

图 5-106　颈髓腹侧角（十三）

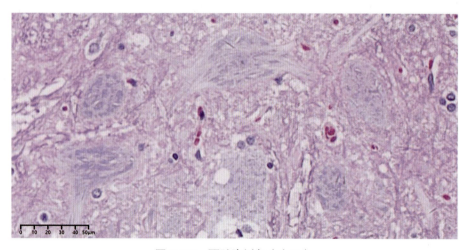

图 5-107　颈髓腹侧角（十四）

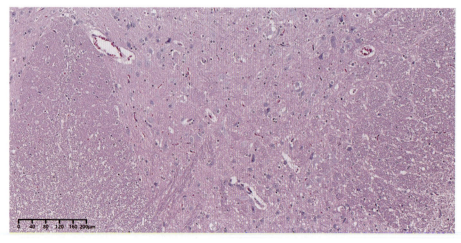

图 5-108　颈髓背侧角（八）

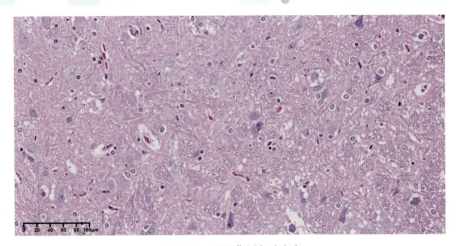

图 5-109　颈髓背侧角（九）

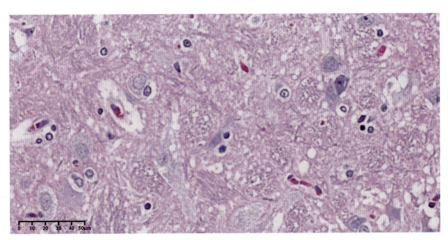

图 5-110　颈髓背侧角（十）

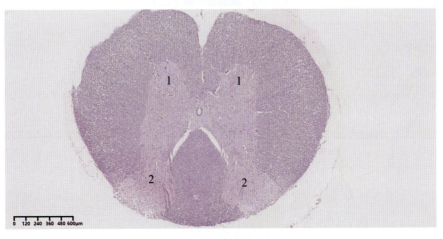

图 5-111　胸髓（一）

1.腹侧角；2.背侧角

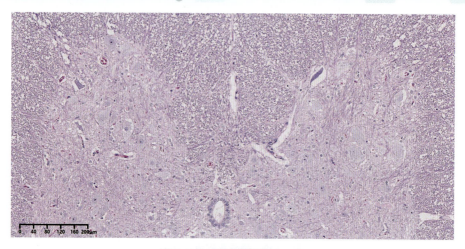

图 5-112　胸髓腹侧角（一）

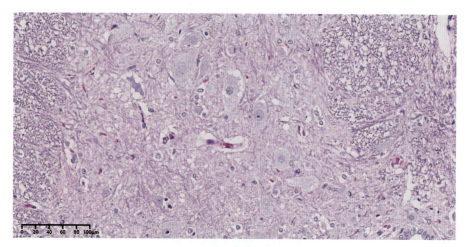

图 5-113　胸髓腹侧角（二）

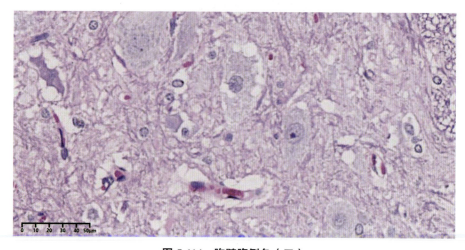

图 5-114　胸髓腹侧角（三）

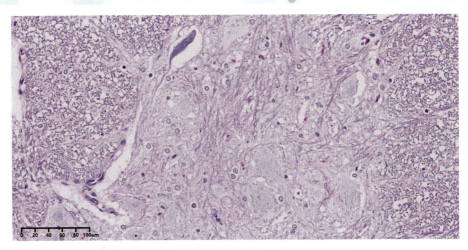

图 5-115　胸髓腹侧角（四）（见暗神经元）

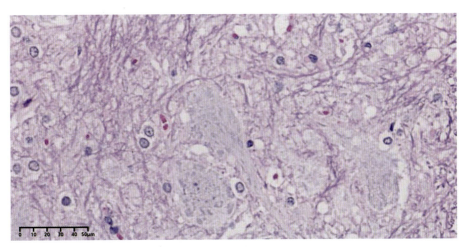

图 5-116　胸髓腹侧角（五）

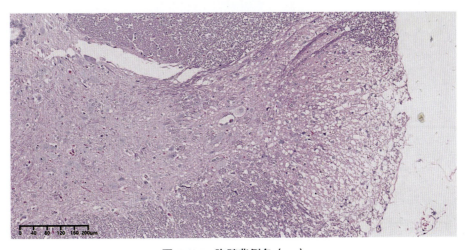

图 5-117　胸髓背侧角（一）

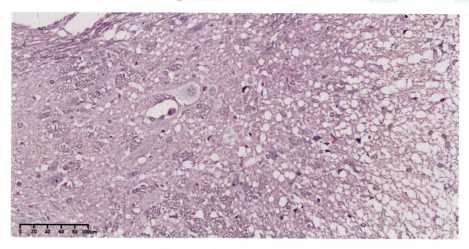

图 5-118 胸髓背侧角（二）

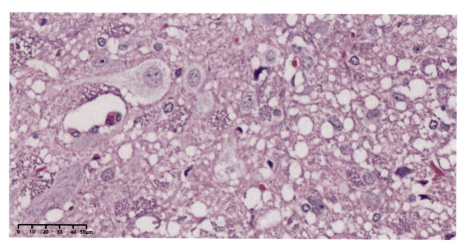

图 5-119 胸髓背侧角（三）（灰质神经纤维空泡变）

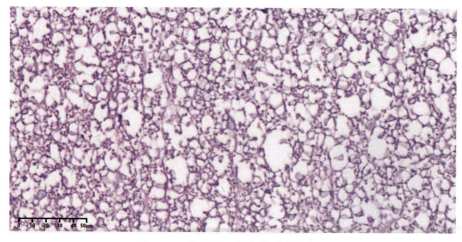

图 5-120 胸髓（二）（白质空泡变）

第五章 神经系统

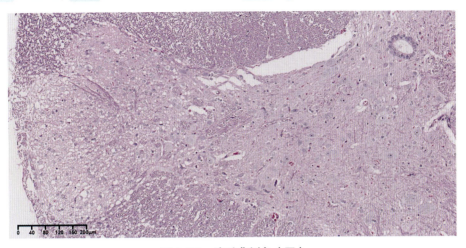

图 5-121　胸髓背侧角（四）

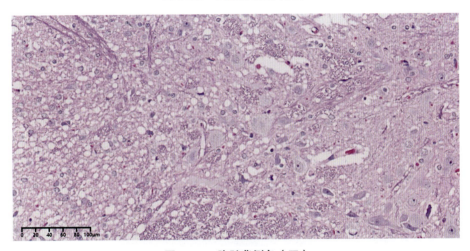

图 5-122　胸髓背侧角（五）

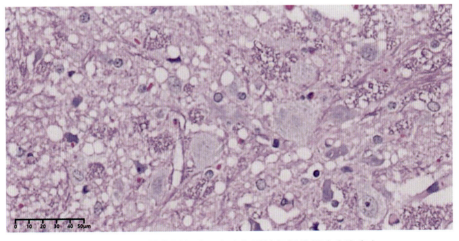

图 5-123　胸髓背侧角（六）（灰质神经纤维轻度空泡变）

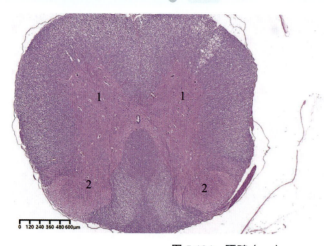

图 5-124　腰髓（一）

1. 腹侧角；2. 背侧角

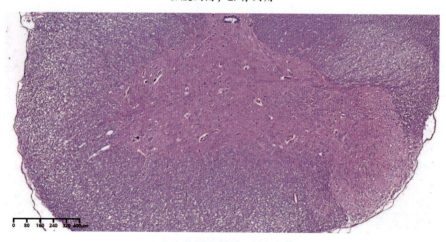

图 5-125　腰髓（二）

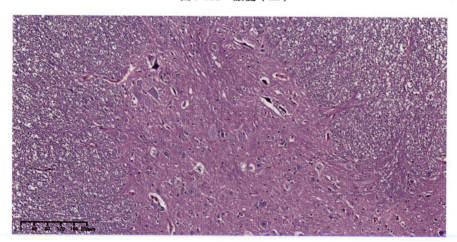

图 5-126　腰髓腹侧角（一）

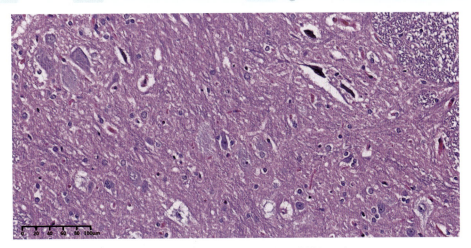

图 5-127 腰髓腹侧角（二）（见暗神经元）

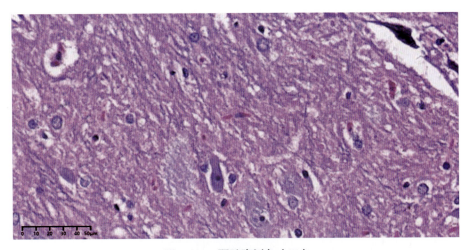

图 5-128 腰髓腹侧角（三）

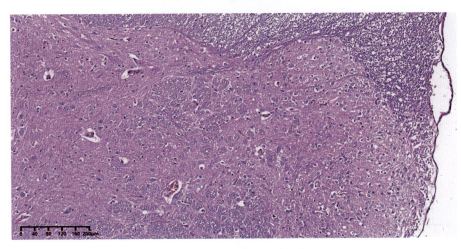

图 5-129 腰髓背侧角（一）

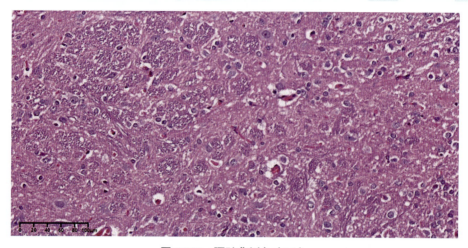

图 5-130　腰髓背侧角（二）

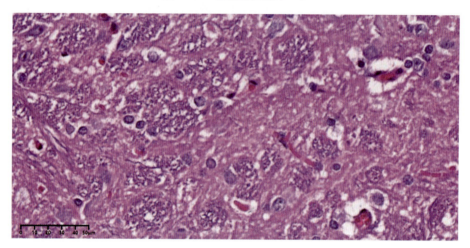

图 5-131　腰髓背侧角（三）

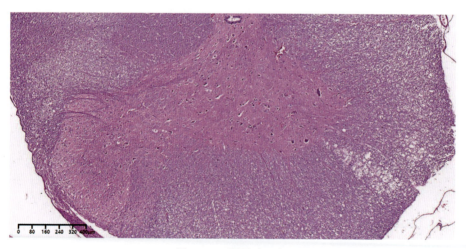

图 5-132　腰髓（三）

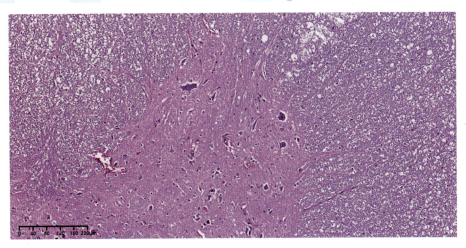

图 5-133　腰髓腹侧角（四）

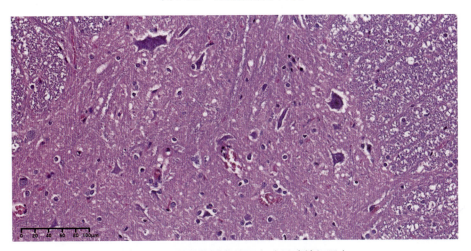

图 5-134　腰髓腹侧角（五）（见暗神经元）

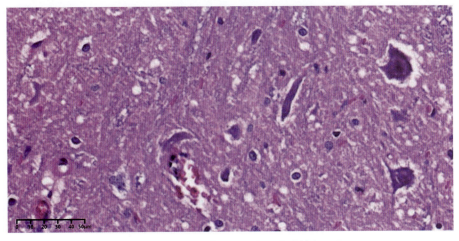

图 5-135　腰髓腹侧角（六）（见暗神经元）

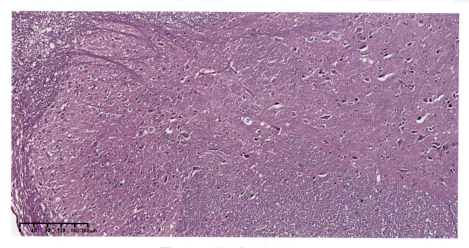

图 5-136　腰髓背侧角（四）

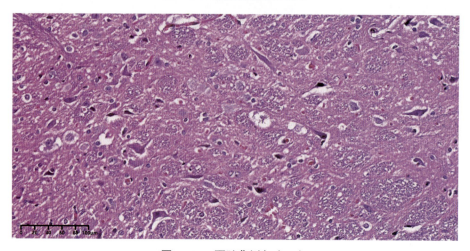

图 5-137　腰髓背侧角（五）

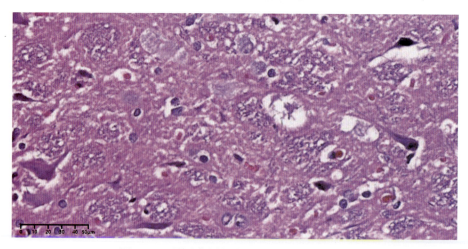

图 5-138　腰髓背侧角（六）（见暗神经元）

二、周围神经系统的镜下结构及常见自发性病变——视神经

视神经为传导视觉信息的特殊躯体感觉纤维（图 5-139～图 5-141）。

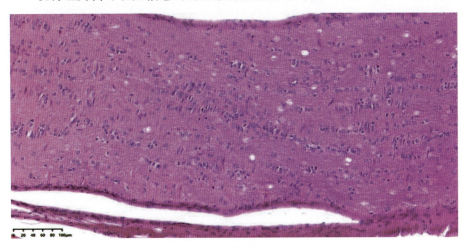

图 5-139　视神经（一）

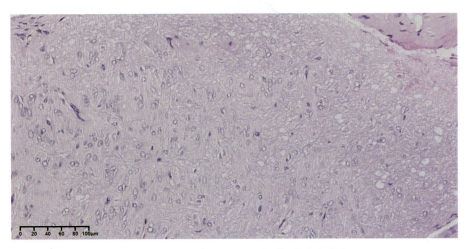

图 5-140　视神经（二）（神经纤维空泡变）

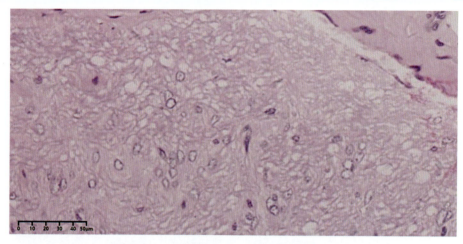

图 5-141　视神经（三）（神经纤维空泡变）

第六章

内分泌系统

一、垂体的镜下结构及常见自发性病变

脑垂体分腺垂体和神经垂体（神经部）。腺垂体又分远侧部、中间部和结节部，远侧部包括嗜酸、嗜碱、嫌色细胞三种类型，以嫌色细胞数量较多；中间部为嗜碱性细胞和嫌色细胞；结节部主要是嫌色细胞和少许嗜碱、嗜酸性细胞（图 6-1 ~ 图 6-14）。

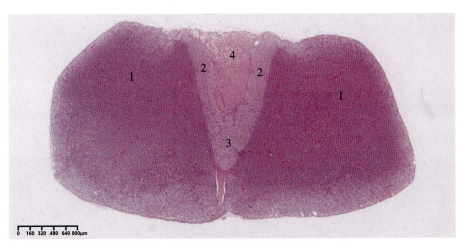

图 6-1　脑垂体（一）
1.腺垂体远侧部；2.腺垂体中间部；3.腺垂体结节部；4.神经垂体（神经部）

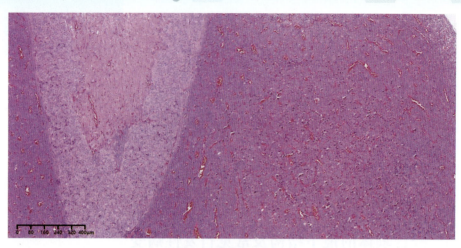

图 6-2 脑垂体（二）

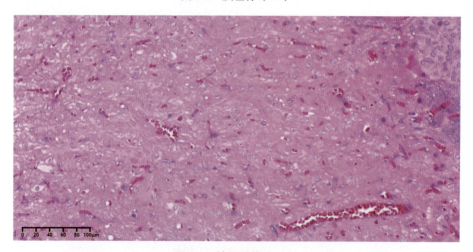

图 6-3 神经垂体（一）

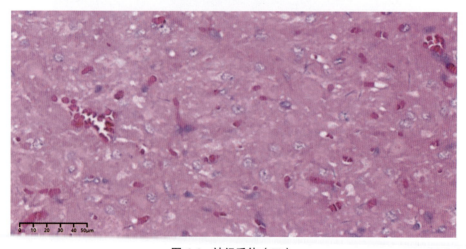

图 6-4 神经垂体（二）

第六章 内分泌系统

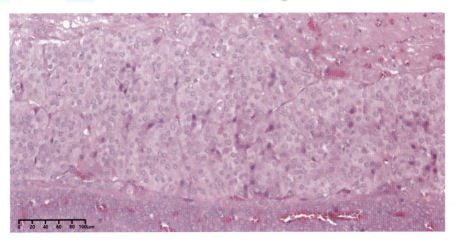

图 6-5 腺垂体中间部（一）

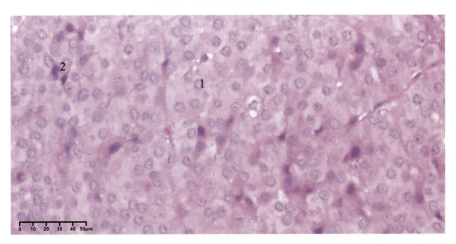

图 6-6 腺垂体中间部（二）
1. 嫌色细胞；2. 嗜碱性细胞

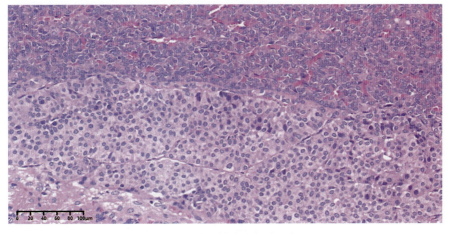

图 6-7 腺垂体中间部（三）

157

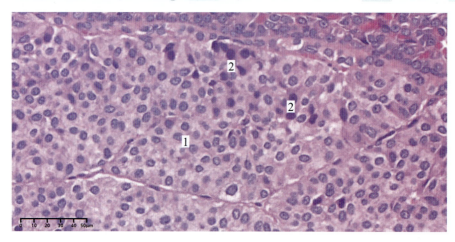

图 6-8　腺垂体中间部（四）

1. 嫌色细胞；2. 嗜碱性细胞

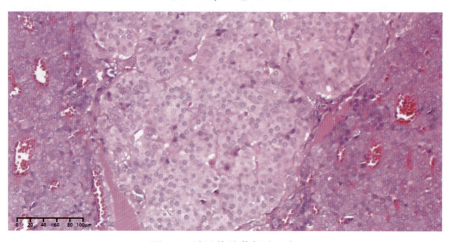

图 6-9　腺垂体结节部（一）

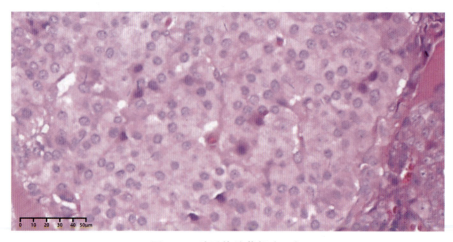

图 6-10　腺垂体结节部（二）

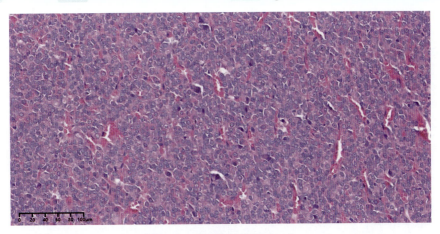

图 6-11 腺垂体远侧部（一）

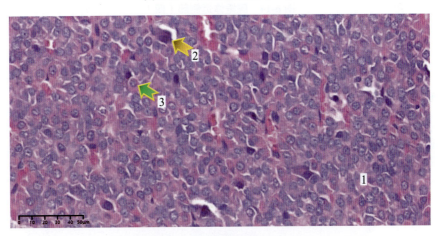

图 6-12 腺垂体远侧部（二）

1.嫌色细胞；2.嗜碱性细胞；3.嗜酸性细胞

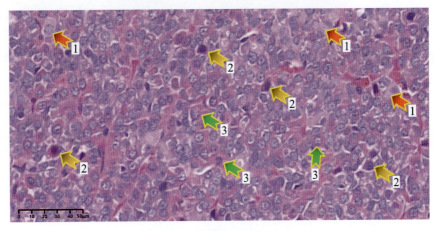

图 6-13 腺垂体远侧部（三）

1.嫌色细胞；2.嗜碱性细胞；3.嗜酸性细胞

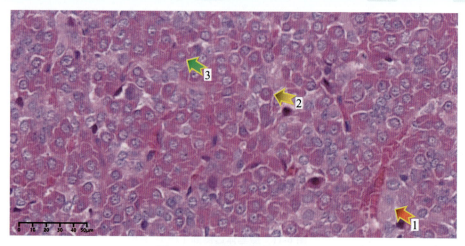

图 6-14 腺垂体远侧部（四）

1. 嫌色细胞；2. 嗜碱性细胞；3. 嗜酸性细胞

垂体常见自发性病变包括垂体囊肿（发生率 0.33%，2/600）和垂体淤血（发生率 0.83%，5/600）（图 6-15 ~ 图 6-19）。

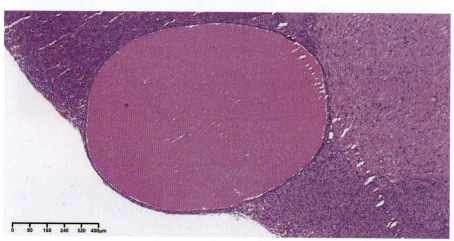

图 6-15 腺垂体囊肿（一）

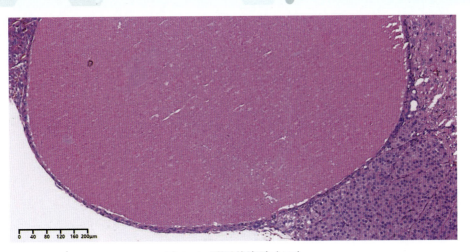

图 6-16　腺垂体囊肿（二）

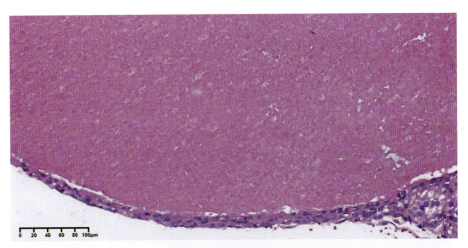

图 6-17　腺垂体囊肿（三）

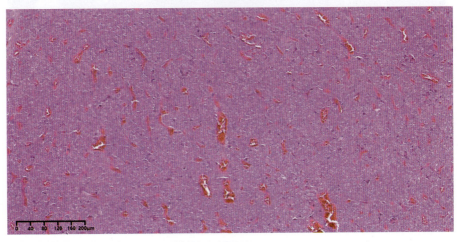

图 6-18　垂体淤血（一）

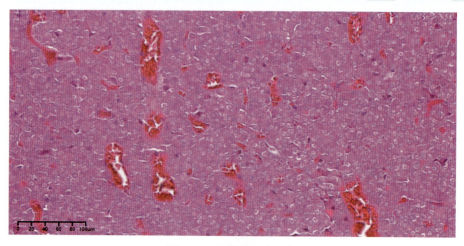

图 6-19　垂体淤血（二）

二、肾上腺的镜下结构及常见自发性病变

肾上腺包括皮质和髓质两部分。皮质占肾上腺的绝大部分（约 80%），分球状带、束状带（最厚）和网状带，三带间无明显界限。髓质主要由髓质细胞组成（成团或索状，核圆着色浅、胞质嗜碱性）（图 6-20 ~ 图 6-24）。

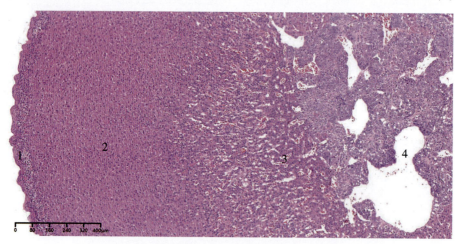

图 6-20　肾上腺（一）

1. 球状带；2. 束状带；3. 网状带；4. 髓质

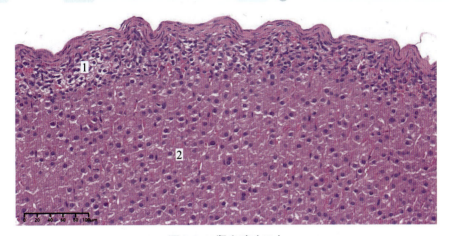

图 6-21　肾上腺（二）

1. 球状带；2. 束状带

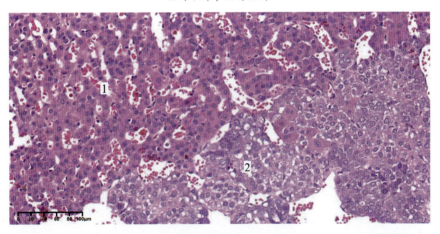

图 6-22　肾上腺（三）

1. 网状带；2. 髓质

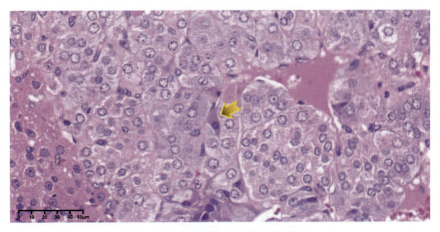

图 6-23　肾上腺髓质的交感神经节细胞（一）

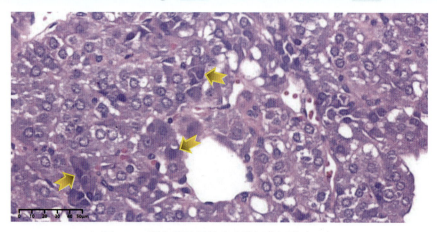

图 6-24　肾上腺髓质的交感神经节细胞（二）

肾上腺常见自发性病变为皮质细胞局灶性变性（发生率 46.67%，280/600）（图 6-25～图 6-28）。

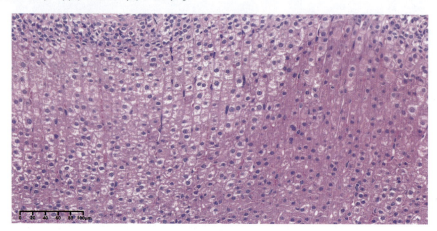

图 6-25　肾上腺皮质局灶性细胞变性（一）

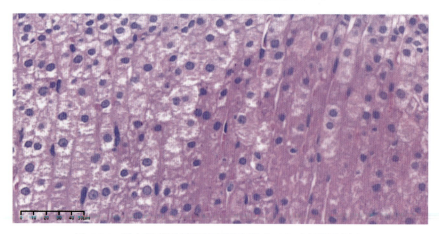

图 6-26　肾上腺皮质局灶性细胞变性（二）（细胞水肿）

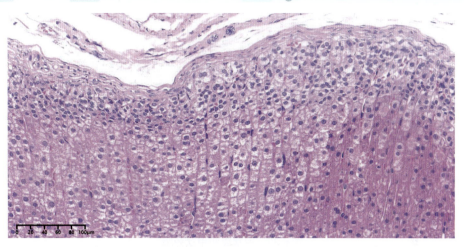

图 6-27　肾上腺皮质局灶性细胞变性（三）（细胞水肿）

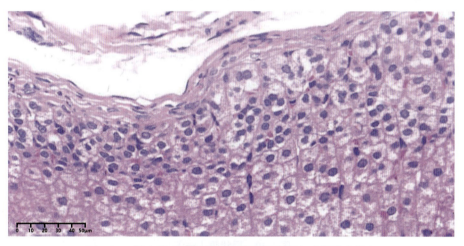

图 6-28　肾上腺皮质局灶性细胞变性（四）（细胞水肿）

三、甲状腺和甲状旁腺的镜下结构及常见自发性病变

1. 甲状腺

甲状腺表面为薄层结缔组织被膜，被膜伸入腺实质形成滤泡间的分隔；腺实质由大量甲状腺滤泡组成，滤泡上皮为单层立方上皮，滤泡腔内是均质状嗜酸性的胶质，甲状腺的中央为小滤泡，外周为大滤泡；滤泡间为少量疏松结缔组织和丰富的有孔毛细血管（图 6-29～图 6-32）。

滤泡旁细胞成群分布于滤泡之间或单个散在分布于滤泡上皮细胞之间，细胞稍大，胞质着色浅。

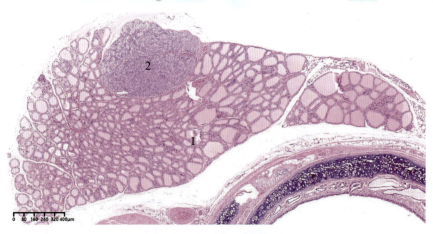

图 6-29 甲状腺和甲状旁腺

1. 甲状腺；2. 甲状旁腺

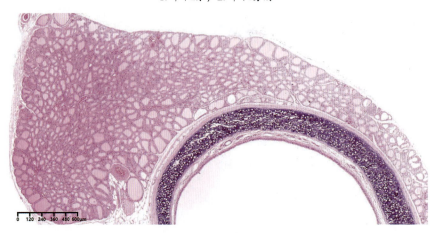

图 6-30 甲状腺（一）

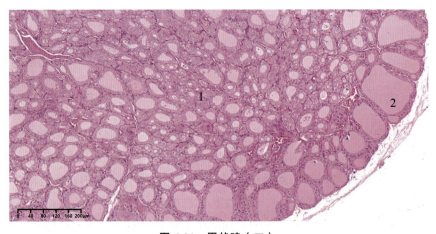

图 6-31 甲状腺（二）

1. 中央的小滤泡；2. 外围的大滤泡

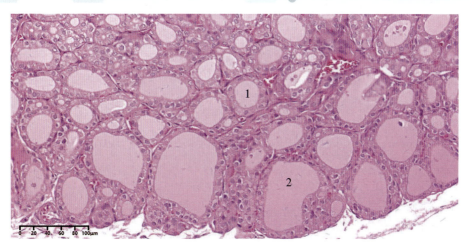

图 6-32 甲状腺（三）

1. 中央的小滤泡；2. 外围的大滤泡

2. 甲状旁腺的镜下结构及常见自发性病变

甲状旁腺为扁椭圆形，表面是薄层结缔组织被膜，实质内腺细胞排列成索团状，腺细胞包括主细胞（数量最多，胞质染色浅）和嗜酸性细胞（图 6-33～图 6-38）。

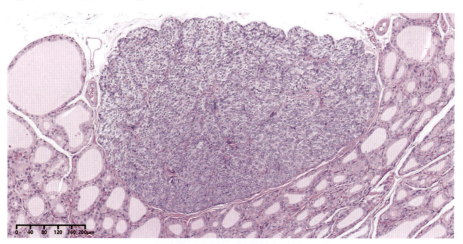

图 6-33 甲状旁腺（一）

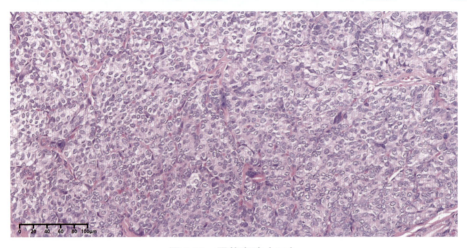

图 6-34 甲状旁腺（二）

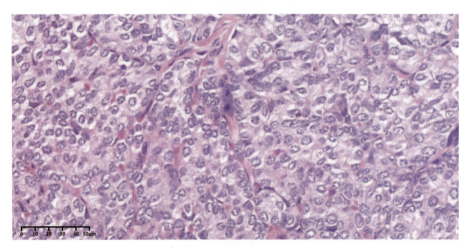

图 6-35 甲状旁腺（三）

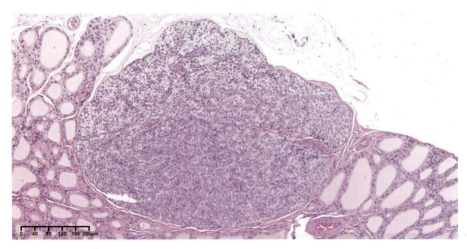

图 6-36 甲状旁腺（四）

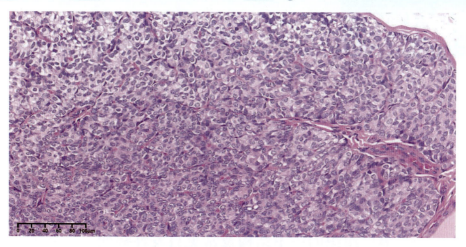

图 6-37　甲状旁腺（五）

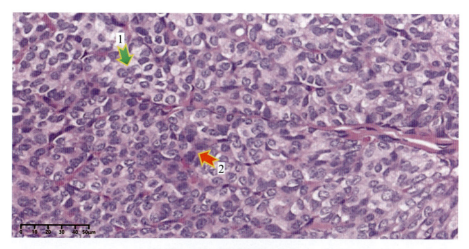

图 6-38　甲状旁腺（六）

1. 主细胞；2. 嗜酸性细胞

第七章

免疫系统

一、淋巴组织的镜下结构及常见自发性病变

淋巴组织以网状组织为支架,网孔内充满大量淋巴细胞和其他免疫细胞。淋巴组织分为弥散淋巴组织和淋巴小结。淋巴小结又称淋巴滤泡,界限较明显,初级和次级淋巴小结的区别是有无生发中心。

生发中心深部为暗区(较小,主要由 B 细胞和 Th 细胞组成,胞质嗜碱性较强),浅部为明区(较大,含 B 细胞、Th 细胞、树突状细胞和巨噬细胞);生发中心周边为小结帽(小淋巴细胞)(图 7-1 ~ 图 7-4)。

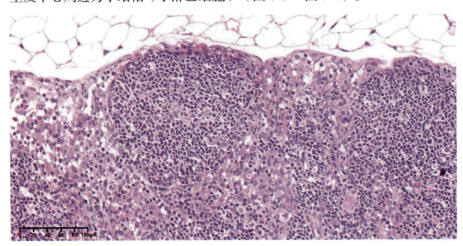

图 7-1 初级淋巴小结(一)

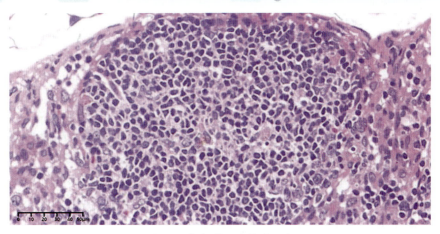

图 7-2　初级淋巴小结（二）

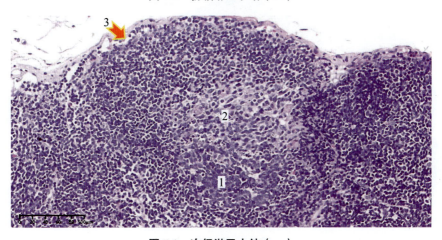

图 7-3　次级淋巴小结（一）

1. 生发中心暗区；2. 生发中心明区；3. 小结帽

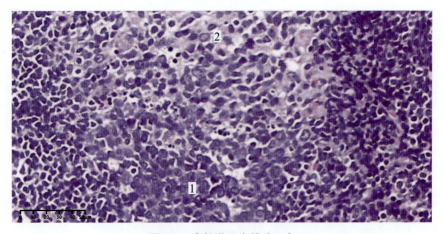

图 7-4　次级淋巴小结（二）

1. 生发中心暗区；2. 生发中心明区

二、淋巴器官的镜下结构及常见自发性病变

1. 胸腺

胸腺为中枢淋巴器官。被膜是薄层结缔组织,伸入胸腺内形成小叶间隔,将胸腺实质分隔成许多不完全分离的胸腺小叶,小叶分皮质和髓质。

皮质以胸腺上皮细胞(上皮性网状细胞)为支架,间隙内含密集的胸腺细胞(T淋巴细胞)和少量巨噬细胞;髓质为较多胸腺上皮细胞和少量巨噬细胞(图7-5～图7-13)。

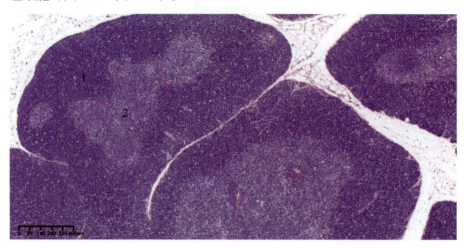

图7-5 胸腺(一)

1. 皮质;2. 髓质

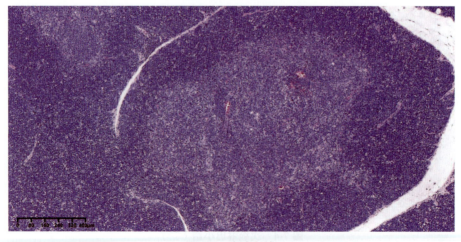

图7-6 胸腺小叶

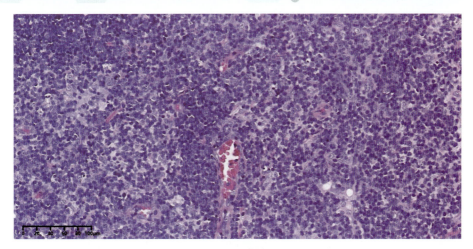

图 7-7 胸腺髓质（一）

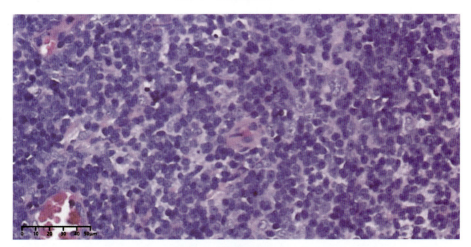

图 7-8 胸腺髓质（二）

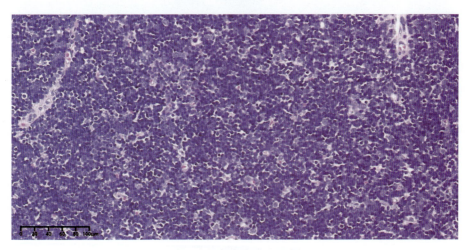

图 7-9 胸腺皮质（一）

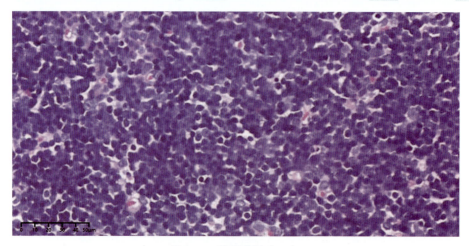

图 7-10　胸腺皮质（二）

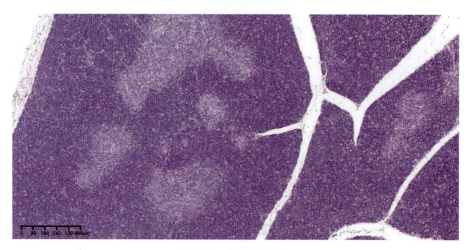

图 7-11　胸腺（二）

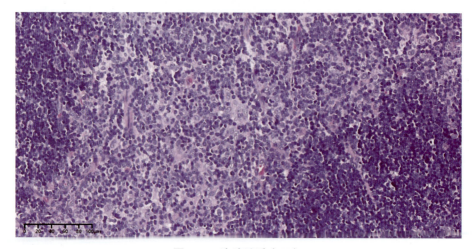

图 7-12　胸腺髓质（三）

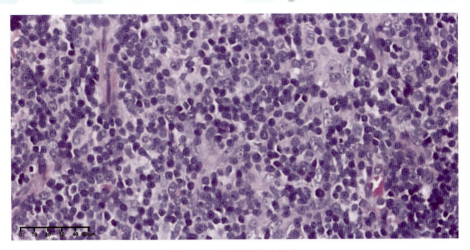

图 7-13　胸腺髓质（四）

2. 淋巴结

淋巴结属外周淋巴器官。淋巴结实质分皮质和髓质，皮质包括浅层皮质（淋巴小结和其间的弥散淋巴组织）、副皮质区（皮质深层的大片弥散淋巴组织）和皮质淋巴窦；髓质包括髓索和髓窦（图 7-14～图 7-19）。

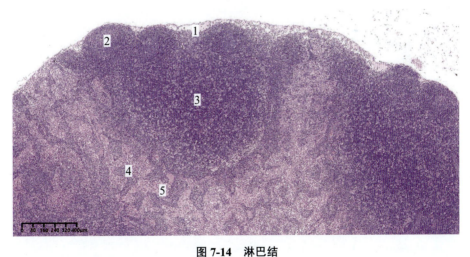

图 7-14　淋巴结

1.被膜；2.淋巴小结；3.副皮质区；4.髓索；5.髓窦

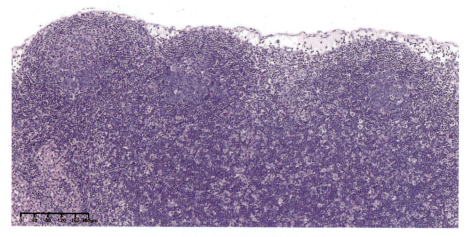

图 7-15 淋巴结：浅层皮质和副皮质区

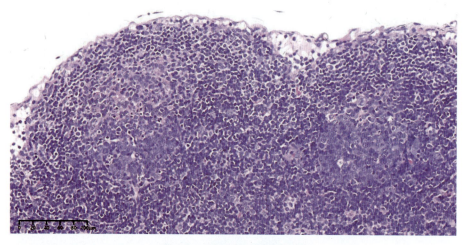

图 7-16 淋巴结：淋巴小结

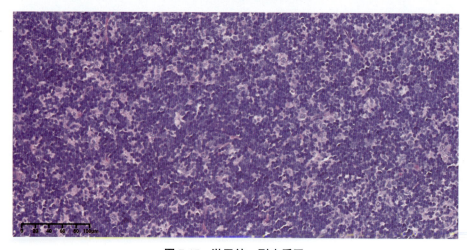

图 7-17 淋巴结：副皮质区

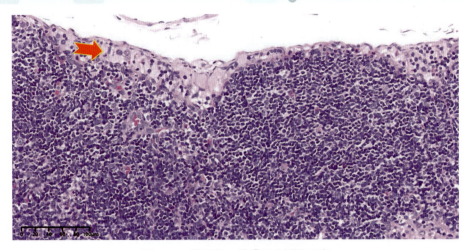

图 7-18　淋巴结：被膜下皮质淋巴窦

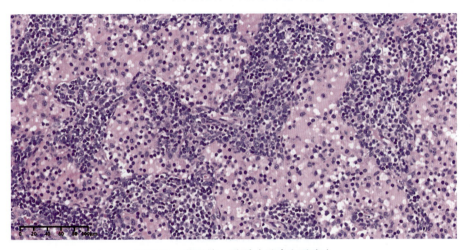

图 7-19　淋巴结：髓质（髓索和髓窦）

3. 脾

脾脏为外周免疫器官之一。脾实质分白髓和红髓，白髓由动脉周围淋巴鞘（T 细胞为主）、淋巴小结（B 细胞为主）和边缘区组成；红髓包括脾索和脾血窦（图 7-20～图 7-23）。

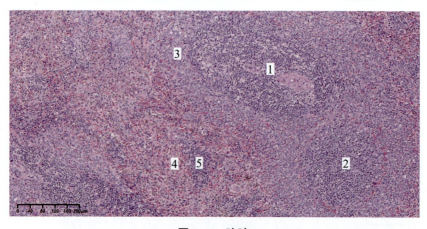

图 7-20 脾脏

1. 动脉周围淋巴鞘；2. 淋巴小结；3. 边缘区；4. 脾血窦；5. 脾索

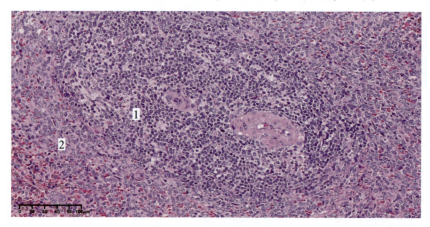

图 7-21 脾脏白髓（一）

1. 动脉周围淋巴鞘；2. 边缘区

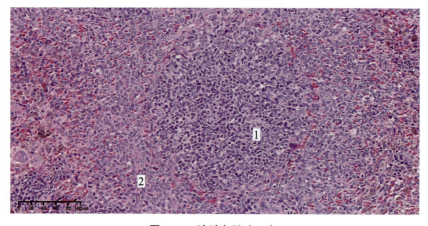

图 7-22 脾脏白髓（二）

1. 淋巴小结；2. 边缘区

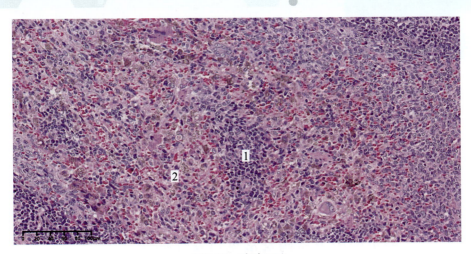

图 7-23 脾脏红髓

1.脾索；2.脾血窦

第八章

雌性生殖系统

一、卵巢的镜下结构及常见自发性病变

卵巢包括被膜和实质。被膜由生殖上皮（为单层扁平或立方上皮）和白膜（致密结缔组织）组成；实质分皮质和髓质（薄，为疏松结缔组织，含血管、神经、淋巴管），皮质由卵泡（包括原始、初级、次级和成熟卵泡）、黄体（包括中央的颗粒黄体细胞和周边的膜黄体细胞）以及基质（包括梭形的基质细胞和丰富的网状纤维等）构成（图8-1～图8-14）。

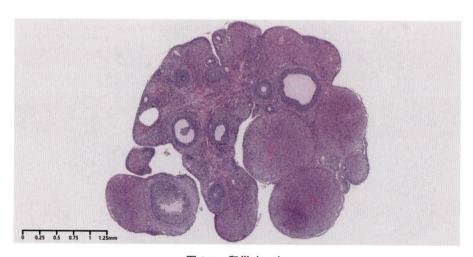

图8-1　卵巢（一）

第八章 雌性生殖系统

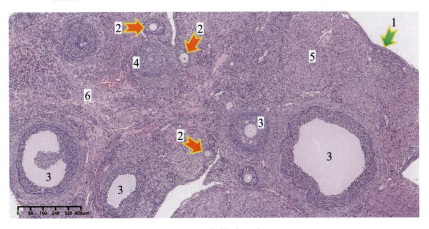

图 8-2　卵巢（二）

1.原始卵泡；2.初级卵泡；3.次级卵泡；4.闭锁卵泡；5.黄体；6.髓质

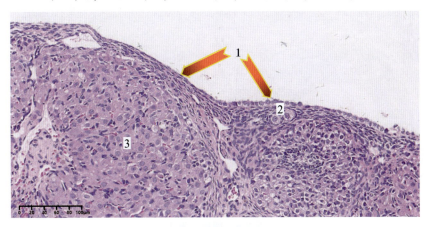

图 8-3　卵巢（三）

1.生殖上皮；2.原始卵泡；3.黄体

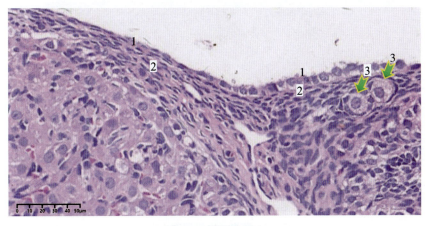

图 8-4　卵巢（四）

1.生殖上皮（单层扁平或立方）；2.白膜；3.原始卵泡

181

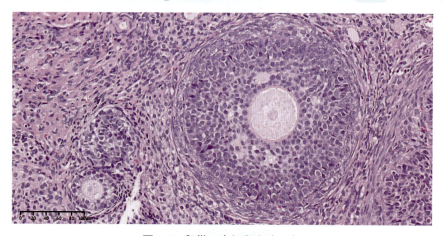

图 8-5 卵巢：次级卵泡（一）

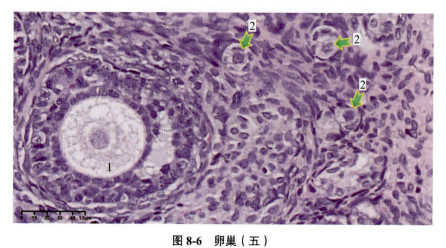

图 8-6 卵巢（五）

1. 次级卵泡；2. 原始卵泡

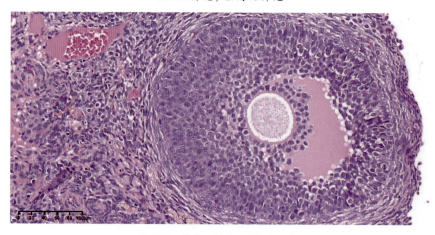

图 8-7 卵巢：次级卵泡（二）

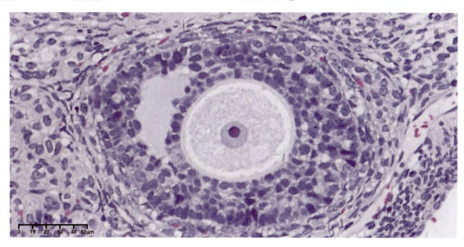

图 8-8 卵巢：次级卵泡（三）

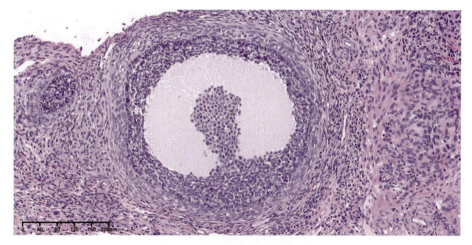

图 8-9 卵巢：次级卵泡（四）

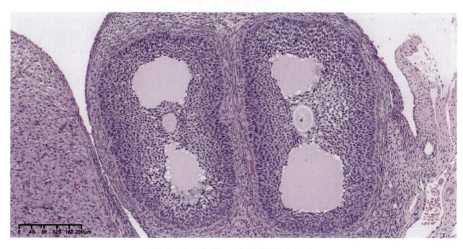

图 8-10 卵巢：次级卵泡（五）

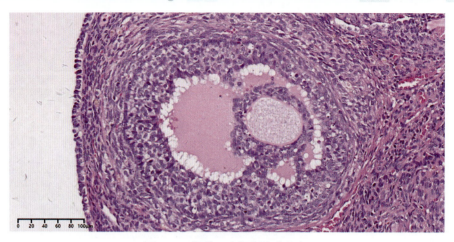

图 8-11 卵巢：次级卵泡（六）

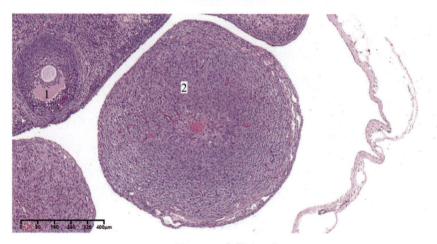

图 8-12 卵巢（六）

1. 次级卵泡；2. 黄体

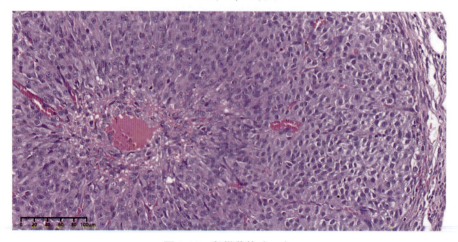

图 8-13 卵巢黄体（一）

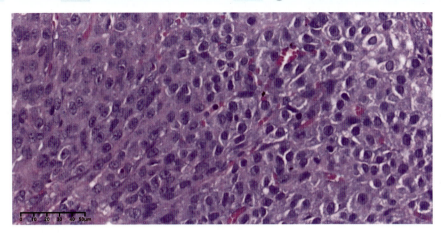

图 8-14　卵巢黄体（二）

卵巢常见自发性病变为滤泡囊肿（发生率 0.17%，1/600）和间质灶性矿化（发生率 0.17%，1/600）（图 8-15 ~ 图 8-24）。

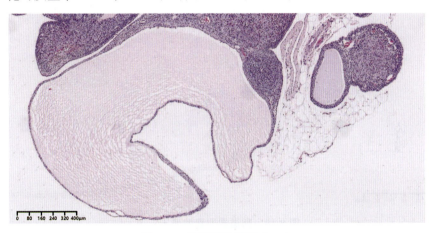

图 8-15　卵巢滤泡囊肿（一）

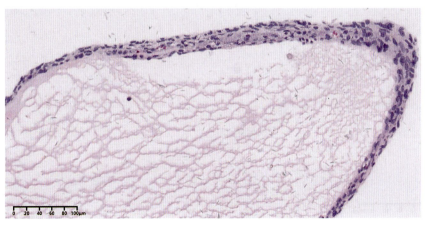

图 8-16　卵巢滤泡囊肿壁（一）

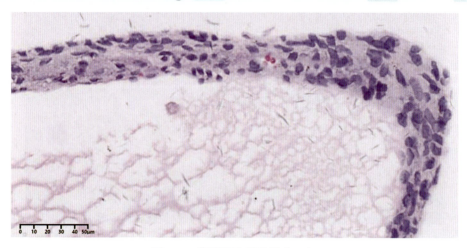

图 8-17　卵巢滤泡囊肿壁（二）

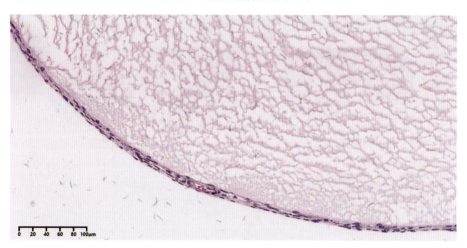

图 8-18　卵巢滤泡囊肿壁（三）

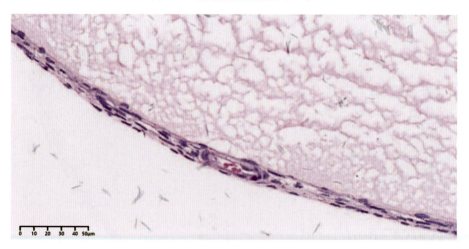

图 8-19　卵巢滤泡囊肿壁（四）

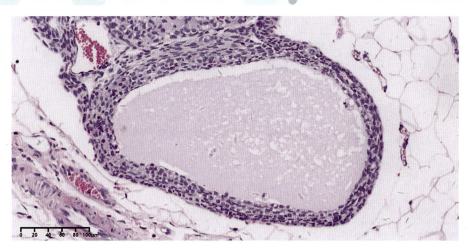

图 8-20 卵巢滤泡囊肿（二）

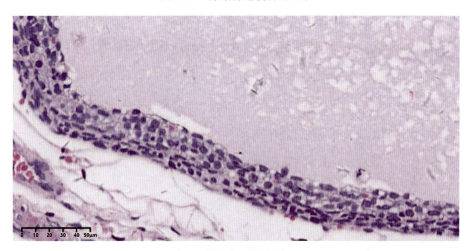

图 8-21 卵巢滤泡囊肿壁（五）

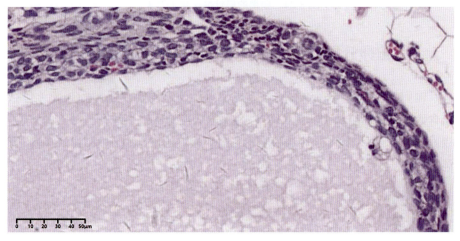

图 8-22 卵巢滤泡囊肿壁（六）

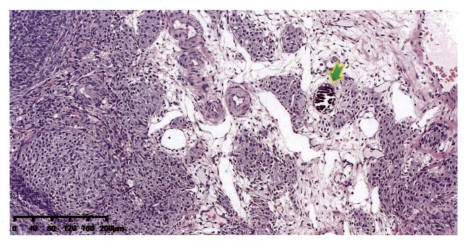

图 8-23 卵巢的局灶性矿化（一）

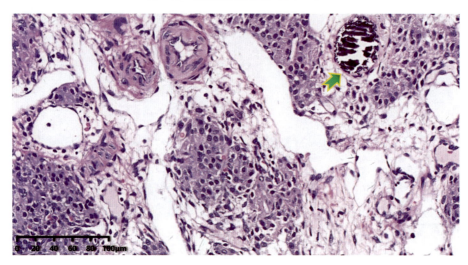

图 8-24 卵巢的局灶性矿化（二）

二、输卵管壁的镜下结构及常见自发性病变

输卵管壁由内至外分黏膜、肌层（内环外纵的平滑肌）和浆膜（包括富含血管的结缔组织和间皮）3层。黏膜向管腔形成许多纵行且分支的皱襞，表面被覆单层柱状上皮（主要含纤毛细胞和分泌细胞，纤毛细胞在输卵管漏斗部和壶腹部最多，靠近子宫则减少），上皮下是固有层（为结缔组织，含较多血管和少量平滑肌）（图 8-25 ~ 图 8-38）。

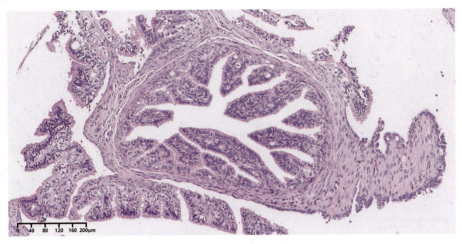

图 8-25 输卵管（一）

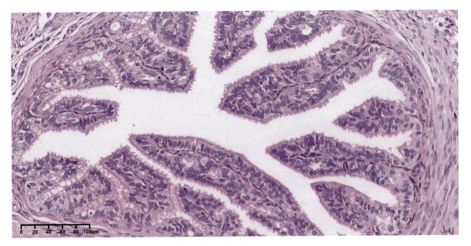

图 8-26 输卵管（二）

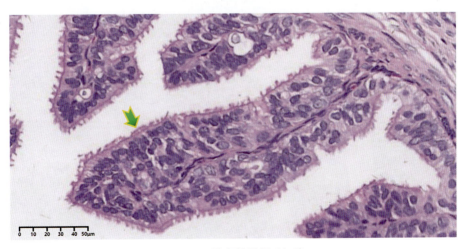

图 8-27 输卵管的纤毛细胞

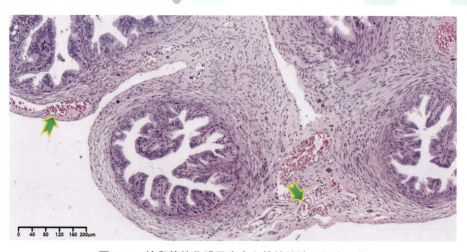

图 8-28 输卵管的浆膜见富含血管的结缔组织（一）

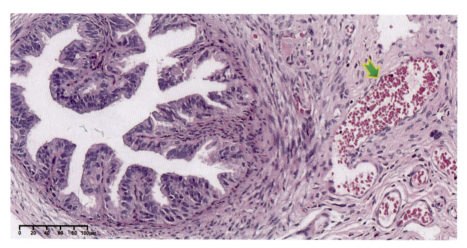

图 8-29 输卵管的浆膜见富含血管的结缔组织（二）

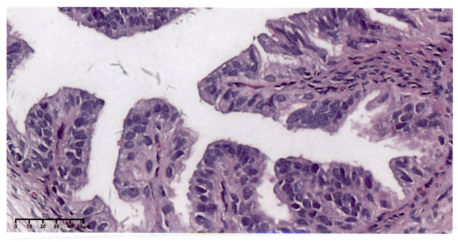

图 8-30 输卵管近子宫处纤毛细胞减少

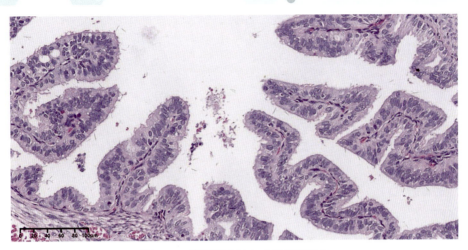

图 8-31 输卵管（三）（发情前期）

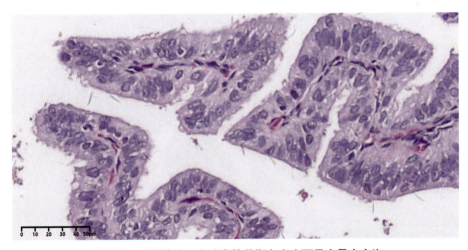

图 8-32 输卵管（四）（发情前期）上皮可见少量小空泡

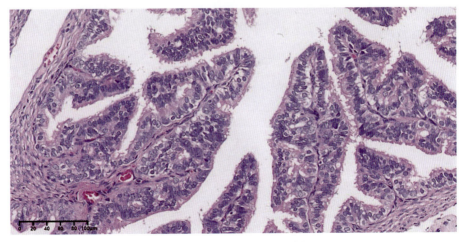

图 8-33 输卵管（五）（发情期）

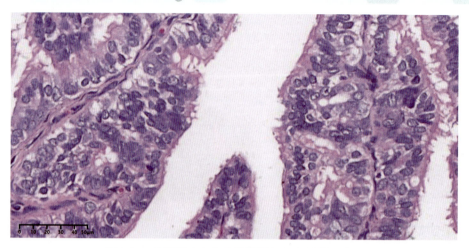

图 8-34 输卵管（六）（发情期）上皮空泡化明显

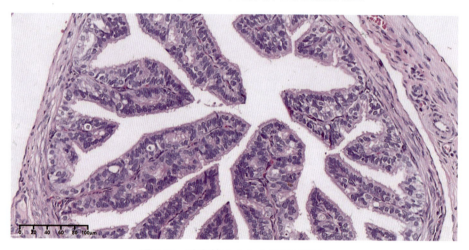

图 8-35 输卵管（七）（发情后期）

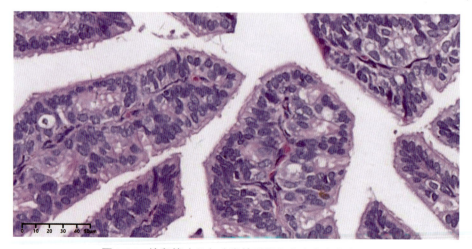

图 8-36 输卵管（八）（发情后期）上皮空泡化常见

第八章 雌性生殖系统

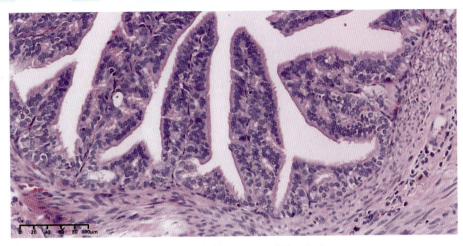

图 8-37 输卵管（九）（发情间期）

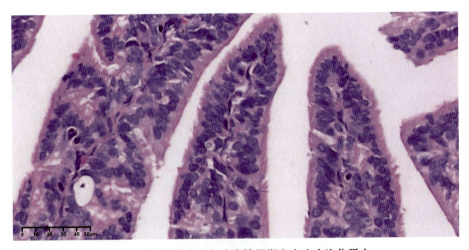

图 8-38 输卵管（十）（发情间期）上皮空泡化稀少

三、子宫的镜下结构及常见自发性病变

子宫体包括内膜、肌层（最厚）和外膜（浆膜）3 层。内膜有单层柱状上皮（纤毛细胞和分泌细胞）和固有层 2 层，固有层包括结缔组织（内有大量基质细胞）、子宫腺（单管状腺，主要为分泌细胞）和血管（为螺旋动脉，螺旋状走行，对性激素反应敏感且迅速）等（图 8-39 ~ 图 8-54）。子宫颈近子宫体处为单层柱状上皮，宫颈阴道部为鳞状上皮，与阴道上皮同样有周期性变化（图 8-55 ~ 图 8-75）。

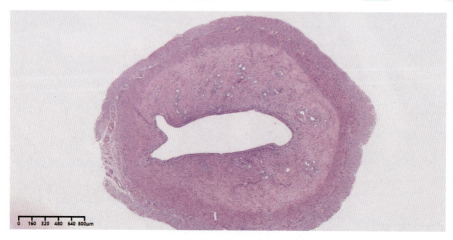

图 8-39　子宫体（一）

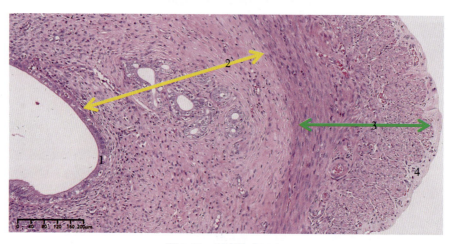

图 8-40　子宫体（二）

1. 单层柱状上皮；2. 固有层；3. 肌层；4. 外膜

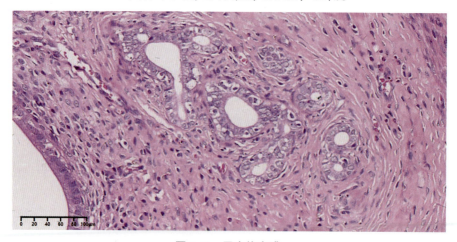

图 8-41　子宫体内膜

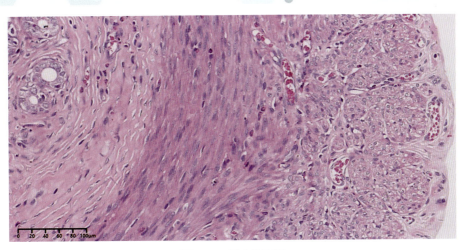

图 8-42　子宫体肌层

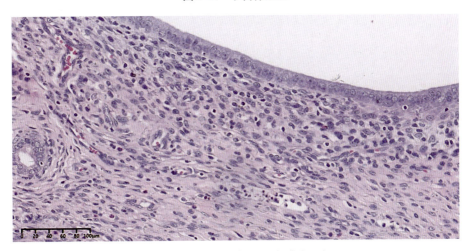

图 8-43　发情前期的子宫内膜（一）

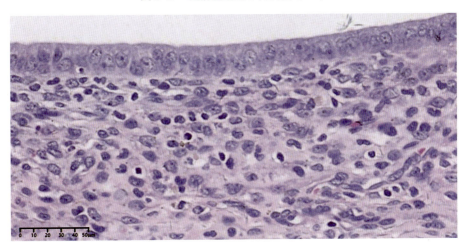

图 8-44　发情前期的子宫内膜（二）（上皮矮柱状，无空泡化和坏死）

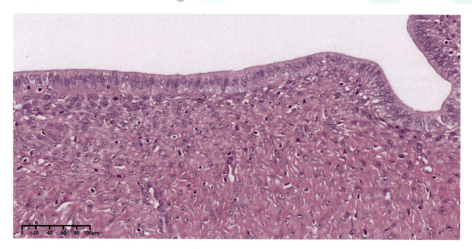

图 8-45　发情前期的子宫内膜（三）

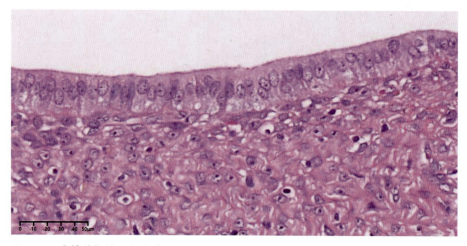

图 8-46　发情前期的子宫内膜（四）（上皮高柱状，无空泡化和坏死，胞质/核约 1.5）

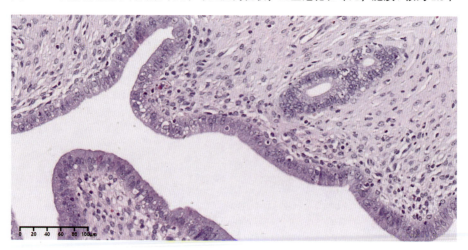

图 8-47　发情期的子宫内膜（一）

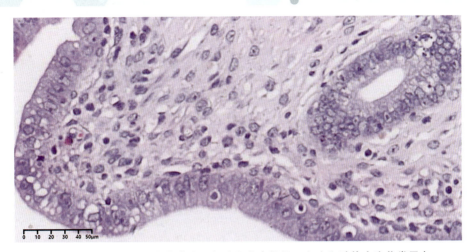

图 8-48　发情期的子宫内膜（二）（上皮高柱状，上皮和腺体空泡化常见）

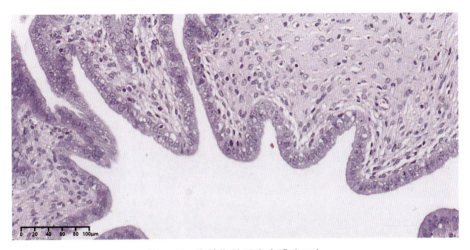

图 8-49　发情期的子宫内膜（三）

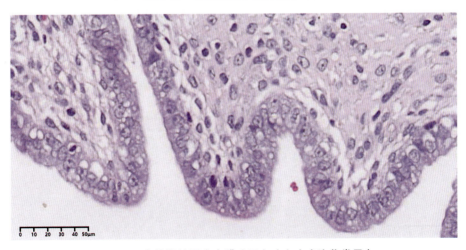

图 8-50　发情期的子宫内膜（四）（上皮空泡化常见）

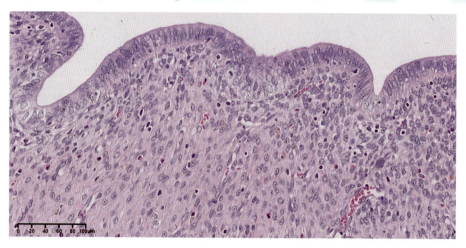

图 8-51　发情后期的子宫内膜（一）

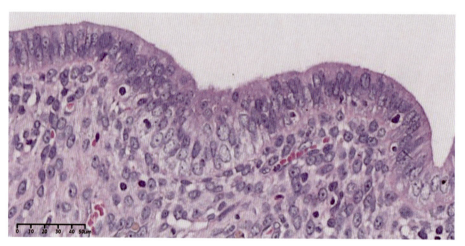

图 8-52　发情后期的子宫内膜（二）（上皮高柱状）

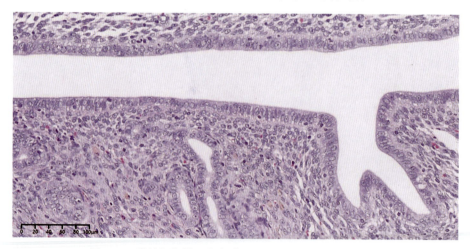

图 8-53　发情间期的子宫内膜（一）（上皮立方至柱状）

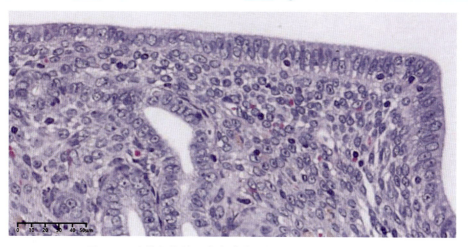

图 8-54 发情间期的子宫内膜（二）（上皮立方至柱状）

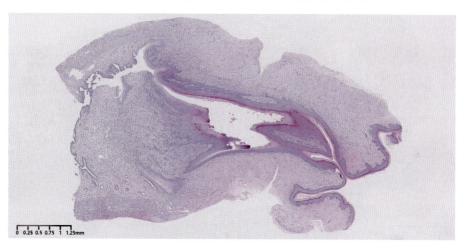

图 8-55 子宫颈（一）

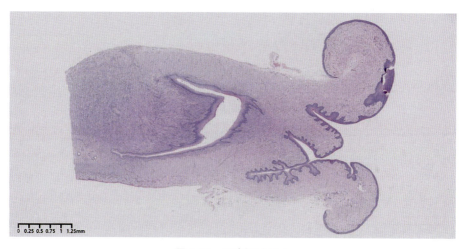

图 8-56 子宫颈（二）

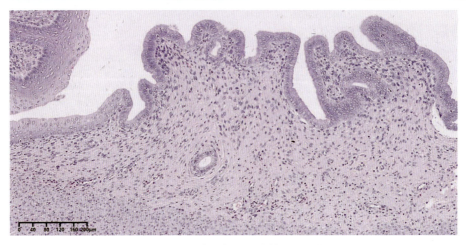

图 8-57　子宫颈邻近子宫体处（一）

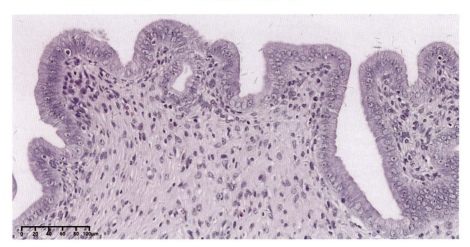

图 8-58　子宫颈邻近子宫体处（二）

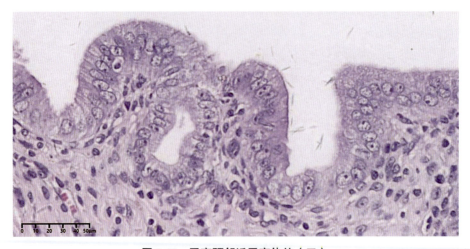

图 8-59　子宫颈邻近子宫体处（三）

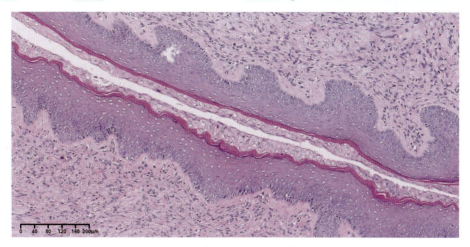

图 8-60 子宫颈（三）（发情前期）

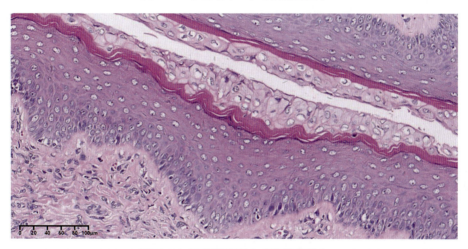

图 8-61 子宫颈（四）（发情前期）

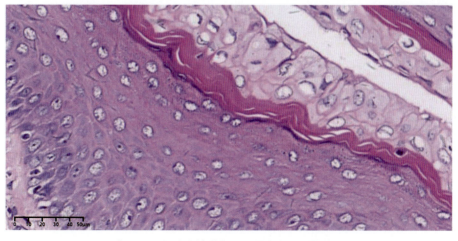

图 8-62 子宫颈（五）（发情前期）：角化层之上有明显的黏液细胞

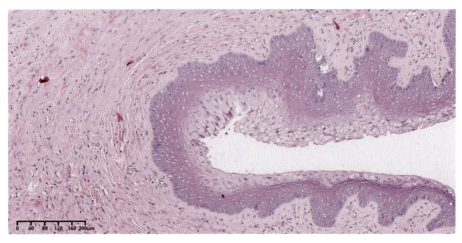

图 8-63　子宫颈（六）（发情前期）

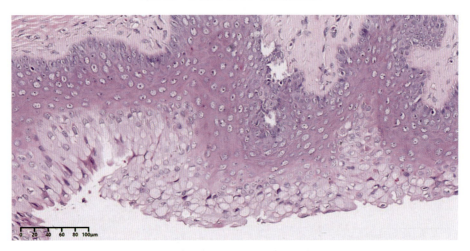

图 8-64　子宫颈（七）（发情前期）：黏液细胞层与基底细胞层之间无角化层

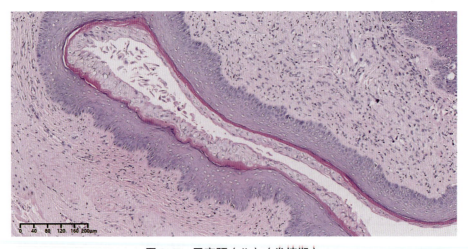

图 8-65　子宫颈（八）（发情期）

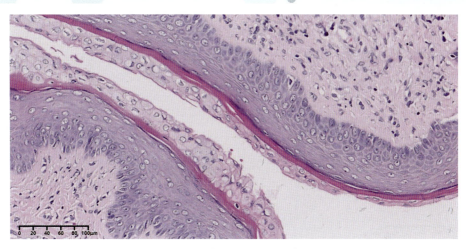

图 8-66 子宫颈（九）（发情期）

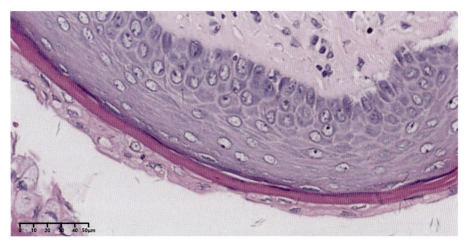

图 8-67 子宫颈（十）（发情期）：黏液细胞层细胞开始脱落

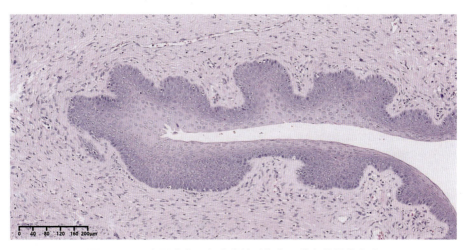

图 8-68 子宫颈（十一）（发情后期）：非角化鳞状上皮

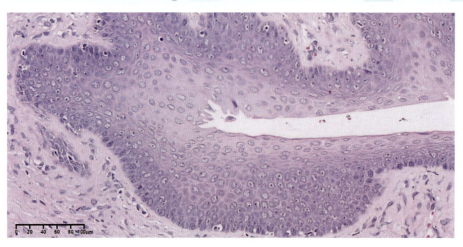

图 8-69 子宫颈（十二）（发情后期）：非角化鳞状上皮

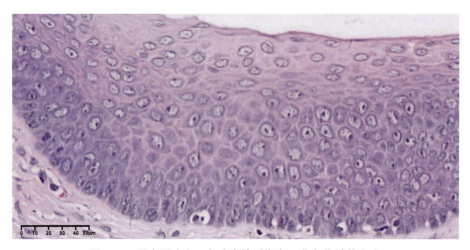

图 8-70 子宫颈（十三）（发情后期）：非角化鳞状上皮

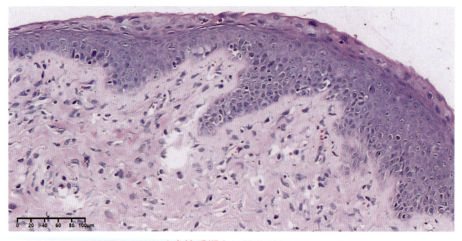

图 8-71 子宫颈（十四）（发情后期）：核分裂像常见，并有中性粒细胞浸润

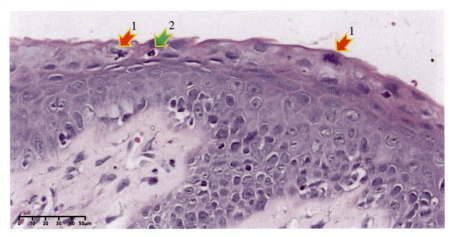

图 8-72 子宫颈（十五）（发情后期）

1. 核分裂像；2. 中性粒细胞浸润

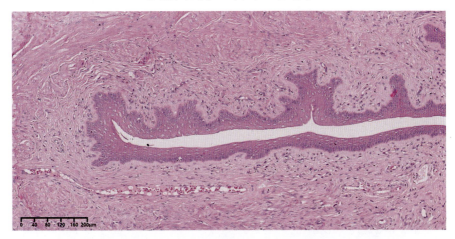

图 8-73 子宫颈（十六）（发情间期）：非角化鳞状上皮（最薄）

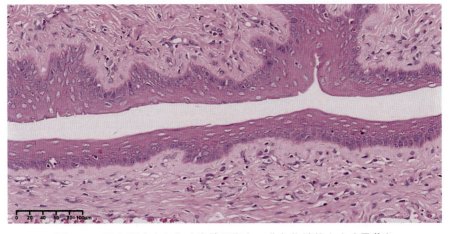

图 8-74 子宫颈（十七）（发情间期）：非角化鳞状上皮（最薄）

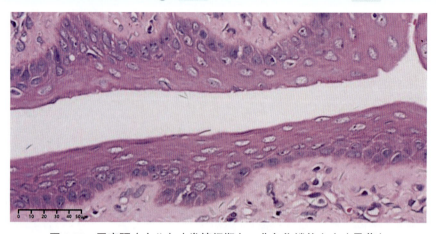

图 8-75　子宫颈（十八）（发情间期）：非角化鳞状上皮（最薄）

子宫常见自发性病变为固有层嗜酸性粒细胞浸润（发生率 6.67%，40/600）（图 8-76 ~ 图 8-82）。

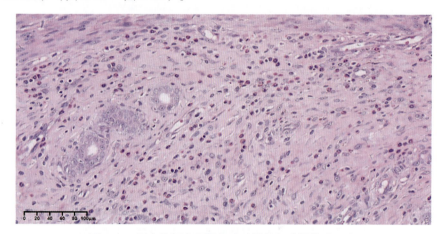

图 8-76　子宫体固有层较多嗜酸性粒细胞浸润（一）

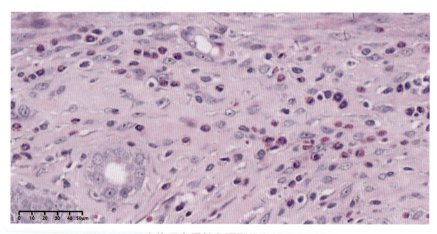

图 8-77　子宫体固有层较多嗜酸性粒细胞浸润（二）

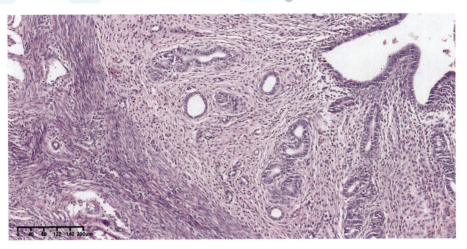

图 8-78　子宫体固有层较多嗜酸性粒细胞浸润（三）

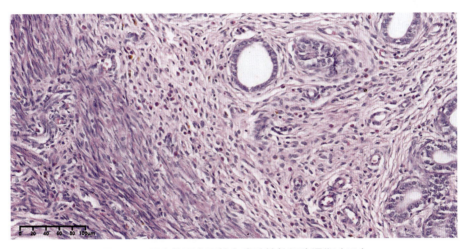

图 8-79　子宫体固有层较多嗜酸性粒细胞浸润（四）

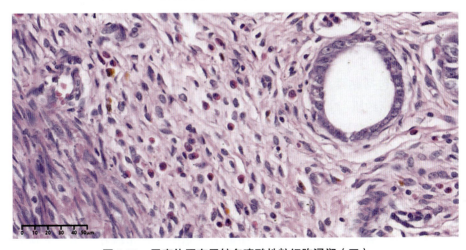

图 8-80　子宫体固有层较多嗜酸性粒细胞浸润（五）

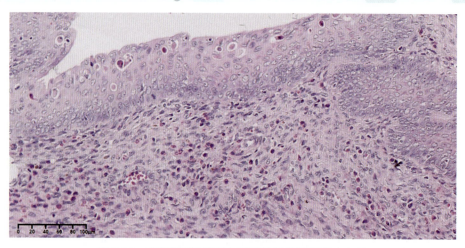

图 8-81　子宫颈固有层较多嗜酸性粒细胞浸润（六）

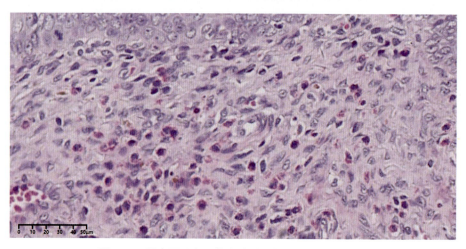

图 8-82　子宫颈固有层较多嗜酸性粒细胞浸润（七）

四、阴道的镜下结构及常见自发性病变

阴道壁包括黏膜、肌层［（薄，为内环外纵的平滑肌，阴道口处为环形骨骼肌（括约肌）］和外膜（为富于弹性纤维的致密结缔组织）3 层。黏膜上皮为未角化复层扁平上皮，有周期性变化；黏膜固有层为致密结缔组织，含丰富的弹力纤维和血管。

黏膜上皮的周期性变化分为发情前期、发情期、发情后期和发情间期。发情前期时，在基底细胞层与黏液细胞层之间出现或不出现扁平有核的角化细胞，发情前期的后期，黏液层细胞开始脱落；发情期开始时，角质层大部分暴露，黏液层几近消失，发情期中期为厚的角化鳞状上皮，发情期后期角化层逐渐脱落;发情后期为非角化鳞状上皮,并有中性粒细胞浸润;发情间期为最薄的非角化鳞状上皮,也有中性粒细胞浸润(图 8-83 ~ 图 8-103)。

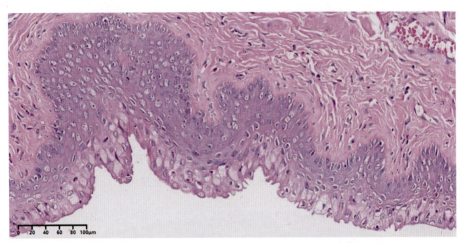

图 8-83　阴道(一)(发情前期):黏液细胞层与基底细胞层之间无扁平有核角化细胞的复层扁平上皮

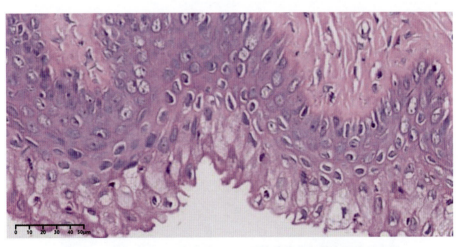

图 8-84　阴道(二)(发情前期):黏液细胞层与基底细胞层之间无扁平有核角化细胞的复层扁平上皮

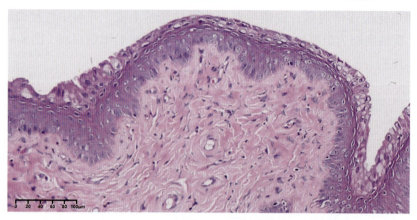

图 8-85 阴道（三）（发情前期）：黏液细胞层与基底细胞层之间有扁平有核角化细胞的复层扁平上皮

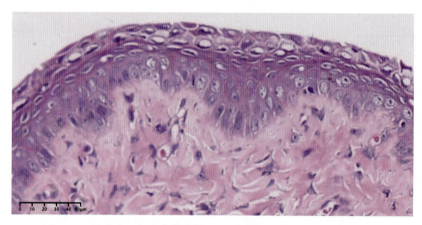

图 8-86 阴道（四）（发情前期）：黏液细胞层与基底细胞层之间有扁平有核角化细胞的复层扁平上皮

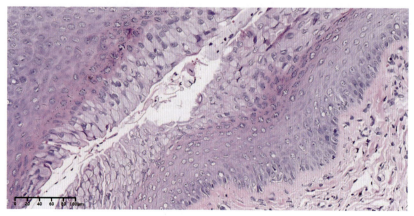

图 8-87 阴道（五）（发情前期）：黏液细胞层与基底细胞层之间无扁平有核角化细胞的复层扁平上皮

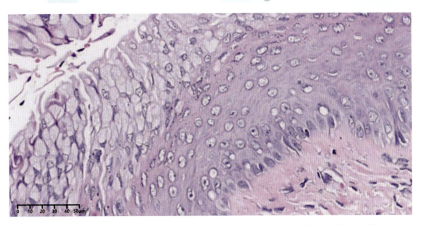

图 8-88 阴道（六）（发情前期）：黏液细胞层与基底细胞层之间无扁平有核角化细胞的复层扁平上皮

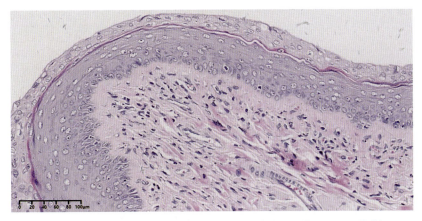

图 8-89 阴道（七）（发情前期）：黏液细胞层与基底细胞层之间有扁平有核角化细胞的复层扁平上皮

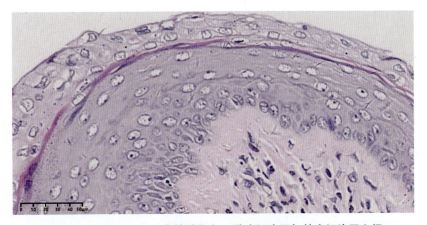

图 8-90 阴道（八）（发情前期）：黏液细胞层与基底细胞层之间有扁平有核角化细胞的复层扁平上皮

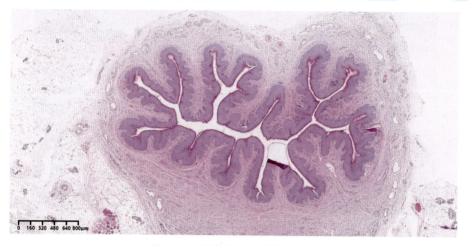

图 8-91 阴道（九）（发情期）

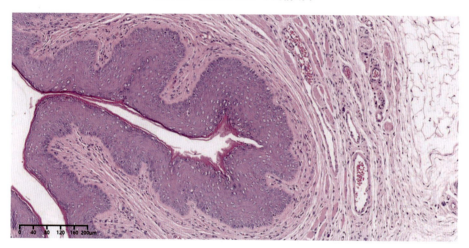

图 8-92 阴道（十）（发情期）：被覆厚的角化鳞状上皮

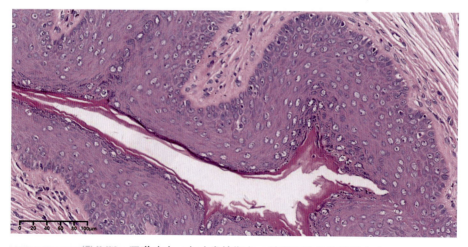

图 8-93 阴道（十一）（发情期）：被覆厚的角化鳞状上皮

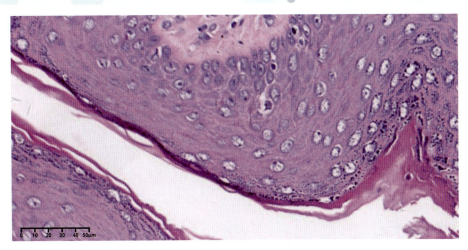

图 8-94　阴道（十二）（发情期）：被覆厚的角化鳞状上皮

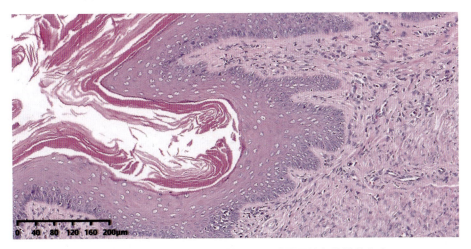

图 8-95　阴道（十三）（发情期）：被覆厚的角化鳞状上皮

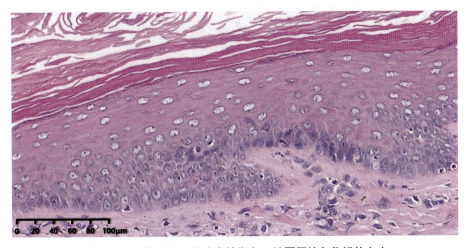

图 8-96　阴道（十四）（发情期）：被覆厚的角化鳞状上皮

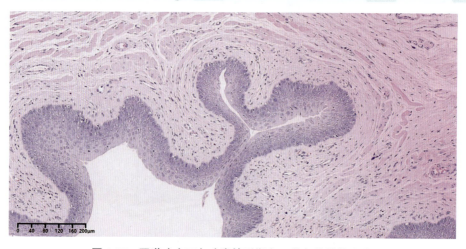

图 8-97　阴道（十五）（发情后期）：非角化鳞状上皮

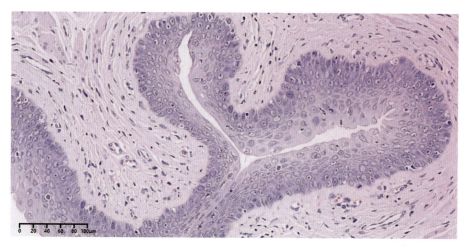

图 8-98　阴道（十六）（发情后期）：非角化鳞状上皮

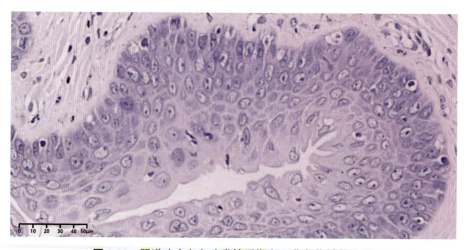

图 8-99　阴道（十七）（发情后期）：非角化鳞状上皮

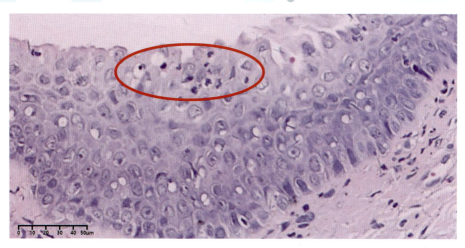

图 8-100　阴道（十八）（发情后期）：非角化鳞状上皮内中性粒细胞浸润

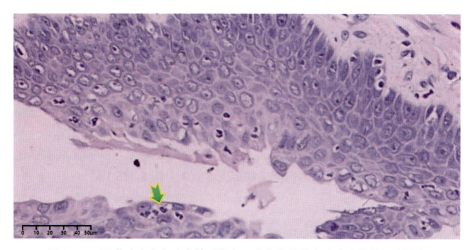

图 8-101　阴道（十九）（发情后期）：非角化鳞状上皮内中性粒细胞浸润

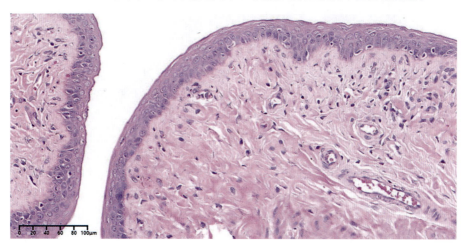

图 8-102　阴道（二十）（发情间期）：被覆薄的鳞状上皮

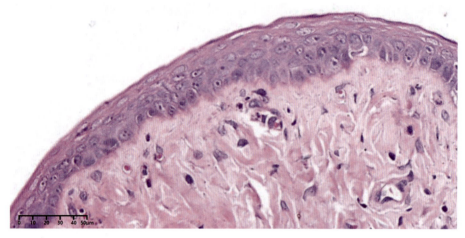

图 8-103　阴道（二十一）（发情间期）：被覆薄的鳞状上皮

五、乳腺的镜下结构及常见自发性病变

乳腺的组织结构包括乳腺小叶和结缔组织（内有大量脂肪细胞）。乳腺小叶由腺泡和导管构成，腺泡上皮为单层立方上皮或柱状上皮；小叶内导管为单层立方上皮或柱状上皮，小叶间导管为复层柱状上皮，输乳管（总导管）上皮与乳头表皮相续。在腺泡和小导管上皮细胞与基膜之间有肌上皮细胞。偶见导管扩张，内见分泌物（图 8-104 ~ 图 8-116）。

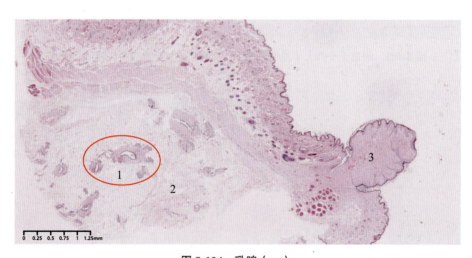

图 8-104　乳腺（一）

1.乳腺小叶；2.结缔组织；3.乳头

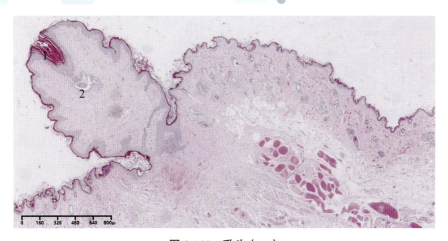

图 8-105 乳头(一)

1.输乳管开口;2.输乳管

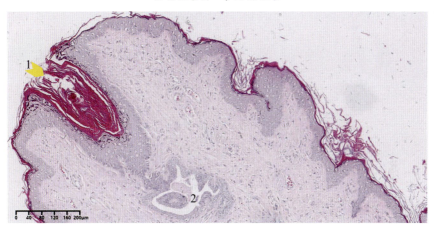

图 8-106 乳头(二)

1.输乳管开口;2.输乳管

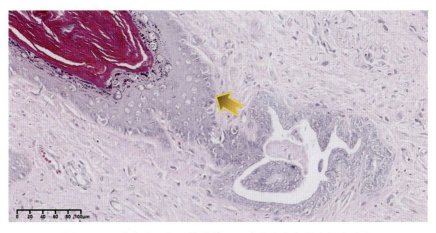

图 8-107 乳头(三):输乳管开口(上皮为复层扁平上皮)

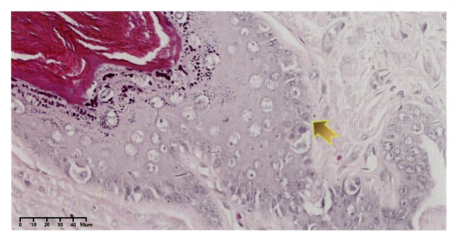

图 8-108　乳头（四）：输乳管开口（上皮为复层扁平上皮）

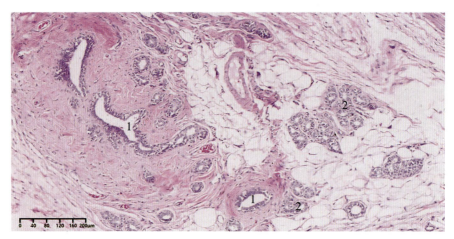

图 8-109　乳腺小叶（一）

1.导管；2.腺泡

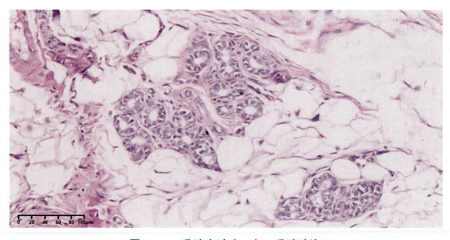

图 8-110　乳腺小叶（二）：乳腺腺泡

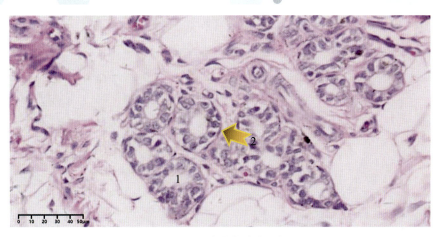

图 8-111　乳腺小叶（三）

1.腺泡；2.肌上皮细胞

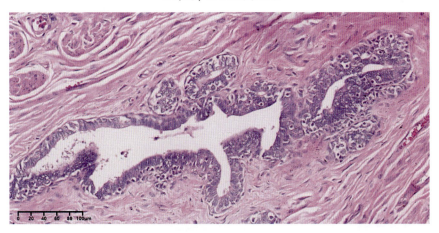

图 8-112　乳腺导管

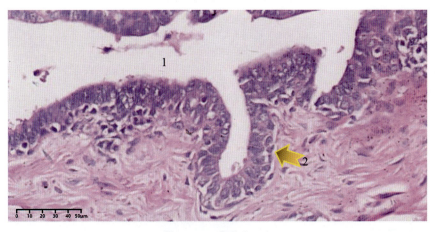

图 8-113　乳腺（二）

1.导管；2.肌上皮细胞

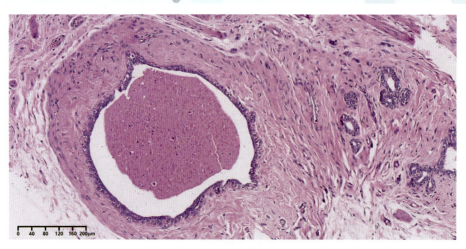

图 8-114　乳腺导管扩张（一）

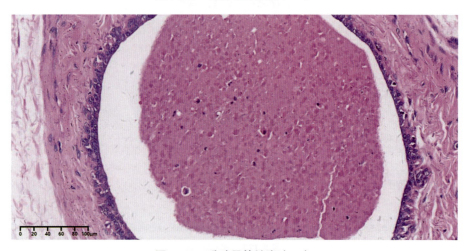

图 8-115　乳腺导管扩张（二）

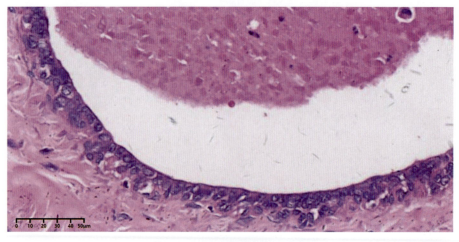

图 8-116　乳腺导管扩张（三）

第九章

雄性生殖系统

一、睾丸的镜下结构及常见自发性病变

睾丸分实质和间质2部分。睾丸实质包括生精小管、直精小管和睾丸网；生精小管由生精上皮和基膜外侧的胶原纤维及梭形的肌样细胞组成，生精上皮由生精细胞（包括精原细胞、初级精母细胞、次级精母细胞、精子细胞和精子）和位于生精细胞之间的支持细胞（柱状或锥形，核仁明显）组成；生精小管近睾丸纵隔处变成短而细的直行管道，称直精小管，为单层立方上皮或矮柱状上皮，无生精细胞；直精小管进入睾丸纵隔内分支且互相吻合成网状，即为睾丸网，腔大，为单层立方上皮。睾丸间质为疏松结缔组织，位于生精小管之间，内有睾丸间质细胞（图9-1～图9-4）。

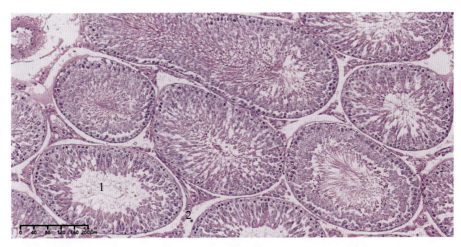

图 9-1 睾丸（一）

1. 生精小管；2. 睾丸间质

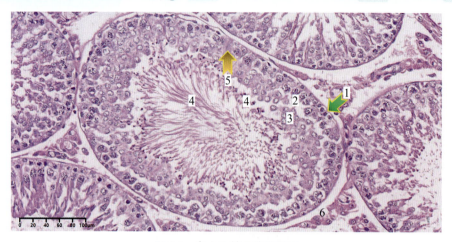

图 9-2　睾丸生精小管和间质

1.精原细胞；2.精母细胞；3.精子细胞；4.精子；5.支持细胞；6.间质细胞

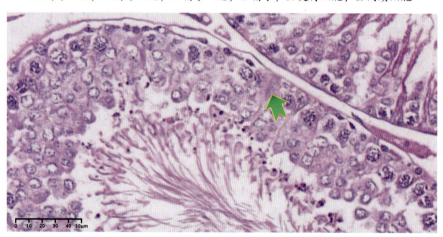

图 9-3　睾丸生精小管的支持细胞

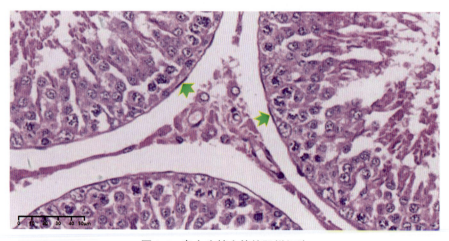

图 9-4　睾丸生精小管的肌样细胞

睾丸常见自发性病变是偶见性成熟睾丸中生精小管扩张伴上皮变薄、生精细胞数量减少,仅见极少数精子,并见个别生精小管矿化(发生率0.17%,1/600)(图9-5~图9-16)。

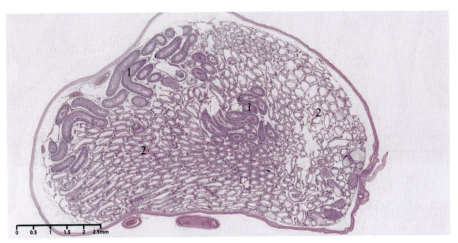

图9-5 睾丸(二)

1.发育良好的生精小管;2.发育不良的生精小管

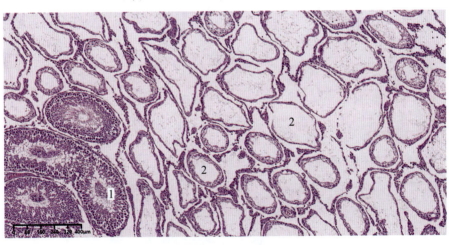

图9-6 睾丸(三)

1.发育良好的生精小管;2.发育不良的生精小管

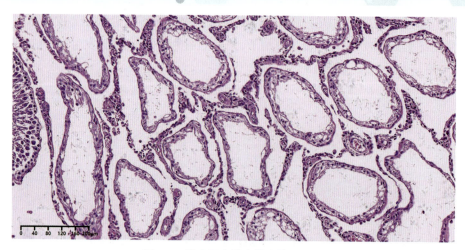

图 9-7 发育不良的生精小管（一）

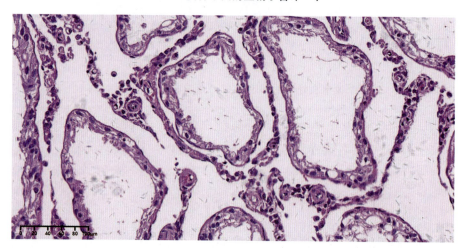

图 9-8 发育不良的生精小管（二）：生精小管细胞层数 1～2 层，仅见极少数精子

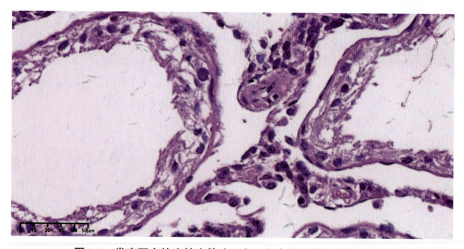

图 9-9 发育不良的生精小管（三）：仅存的生精细胞空泡变性

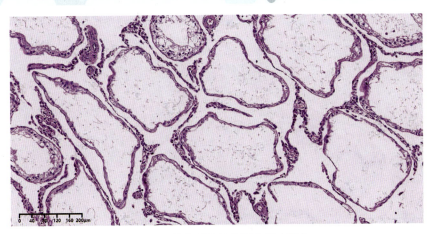

图 9-10 发育不良的生精小管（四）

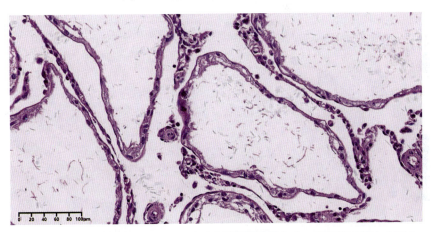

图 9-11 发育不良的生精小管（五）：扩张的生精小管仅有一层细胞（矮立方形），
仅见极少数精子

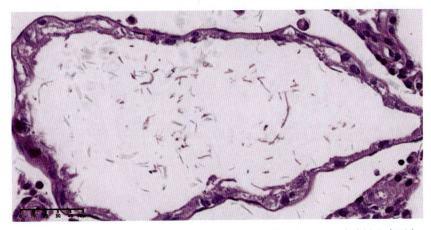

图 9-12 发育不良的生精小管（六）：扩张的生精小管仅有一层细胞（矮立方形），
仅见极少数精子

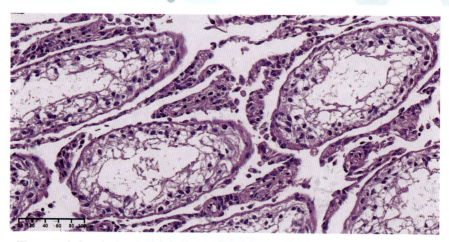

图 9-13 发育不良的生精小管（七）：生精小管细胞小且空泡变，仅见极少数精子

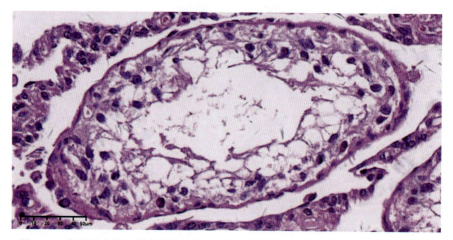

图 9-14 发育不良的生精小管（八）：生精小管细胞小且空泡变，仅见极少数精子

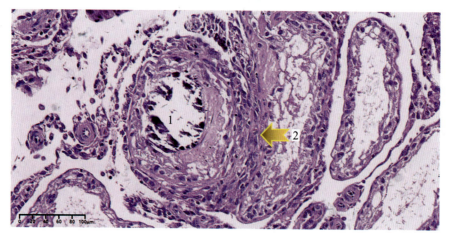

图 9-15 发育不良的生精小管（九）

1.发育不良的生精小管矿化；2.肌样细胞增生

第九章 雄性生殖系统

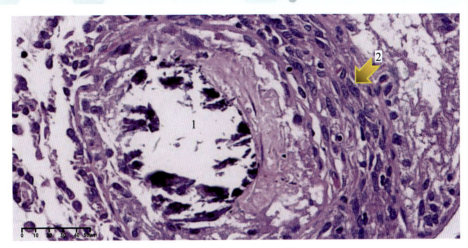

图 9-16 发育不良的生精小管（十）

1.发育不良的生精小管矿化；2.肌样细胞增生

二、生殖管道的镜下结构及常见自发性病变

1. 附睾

附睾分头、体、尾3部分。附睾头由输出小管组成，与睾丸网相连，上皮为高柱状纤毛细胞与低柱状细胞相间排列；附睾体和尾由附睾管构成，腔内充满精子和分泌物，附睾体的上皮为假复层纤毛柱状上皮（包括高柱状的主细胞和基细胞），附睾尾的上皮则渐变低至立方形，接输精管（图 9-17 ~ 图 9-29）。

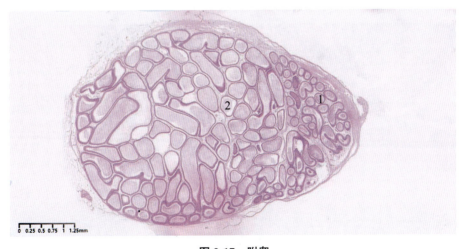

图 9-17 附睾

1.输出小管；2.附睾管

227

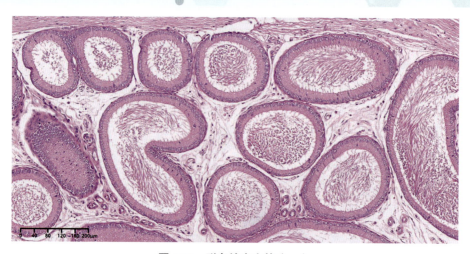

图 9-18　附睾输出小管（一）

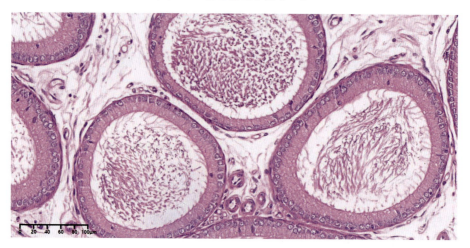

图 9-19　附睾输出小管（二）

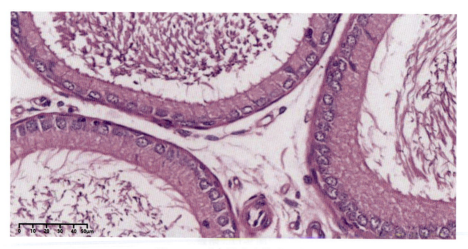

图 9-20　附睾输出小管（三）

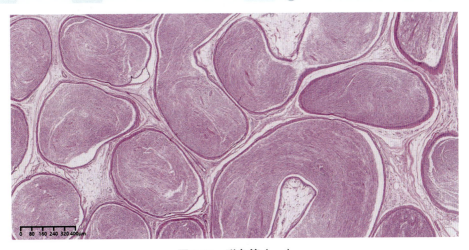

图 9-21 附睾管（一）

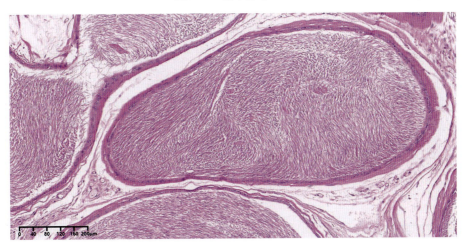

图 9-22 附睾管（二）

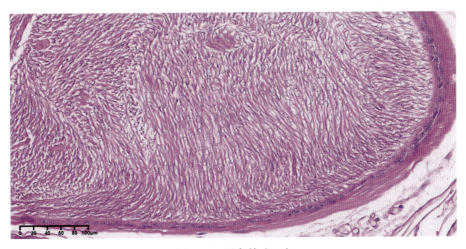

图 9-23 附睾管（三）

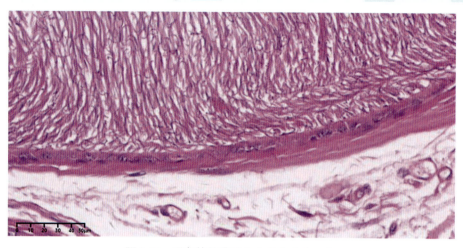

图 9-24　附睾管的管壁为立方上皮（一）

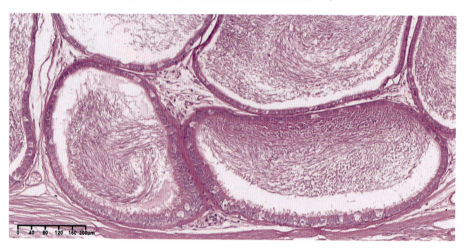

图 9-25　附睾管（四）

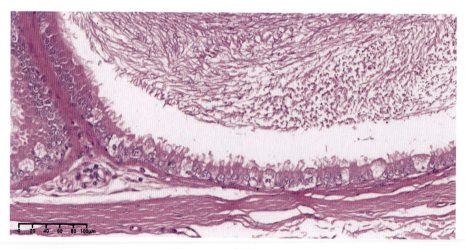

图 9-26　附睾管（五）

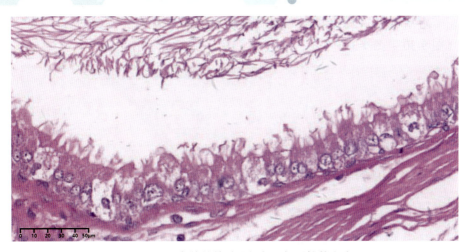

图 9-27 附睾管的管壁为假复层纤毛柱状上皮

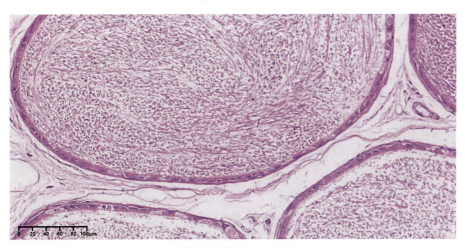

图 9-28 附睾管的管壁为立方上皮(二)

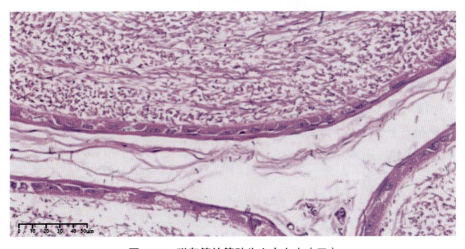

图 9-29 附睾管的管壁为立方上皮(三)

附睾常见自发性病变为间质炎细胞浸润（发生率为 0.17%，1/600）（图 9-30～图 9-31）。

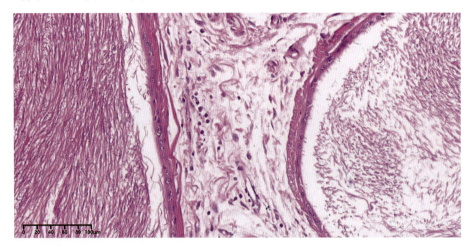

图 9-30　附睾间质少许炎细胞浸润（一）

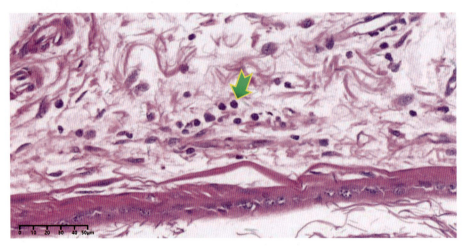

图 9-31　附睾间质少许炎细胞浸润（二）

2. 输精管

输精管管壁从内往外分黏膜、肌层和外膜 3 层。黏膜包括假复层柱状上皮和固有层（有丰富的弹性纤维）；肌层为内纵中环外纵的平滑肌；外膜为纤维膜（图 9-32～图 9-38）。

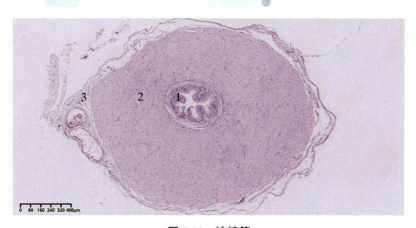

图 9-32　输精管

1.黏膜；2.肌层；3.外膜

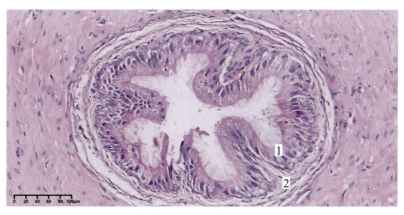

图 9-33　输精管黏膜（一）

1.假复层柱状上皮；2.固有层

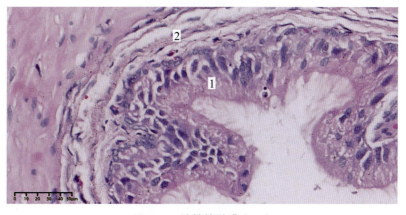

图 9-34　输精管黏膜（二）

1.假复层柱状上皮；2.固有层

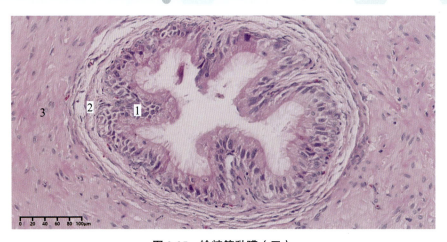

图 9-35　输精管黏膜（三）

1.假复层柱状上皮；2.固有层；3.肌层

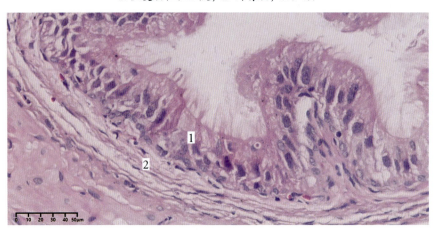

图 9-36　输精管黏膜（四）

1.假复层柱状上皮；2.固有层

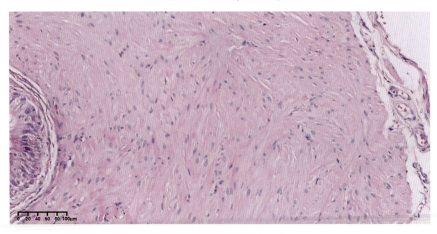

图 9-37　输精管肌层（一）

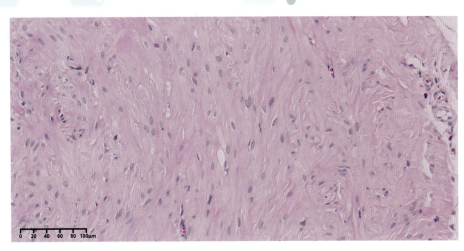

图 9-38　输精管肌层（二）

三、附属腺的镜下结构及常见自发性病变

1. 前列腺

前列腺分实质和间质（为少量的疏松结缔组织）2 部分。实质由单层立方、单层柱状和假复层柱状上皮交错构成的腺腔组成，管腔不规则，腔内充满红色分泌物，可见前列腺凝固体（为分泌物浓缩形成的嗜酸性板层状小体）（图 9-39 ~ 图 9-43）。

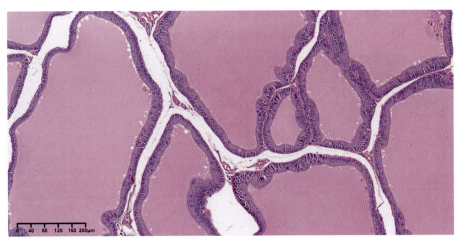

图 9-39　前列腺的间质稀少

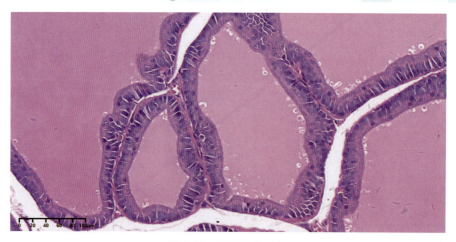

图 9-40　前列腺（一）

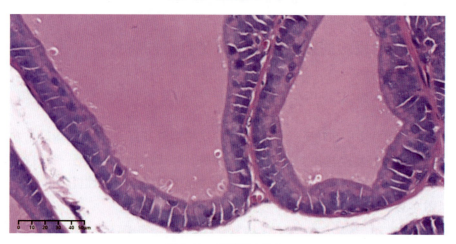

图 9-41　前列腺（二）

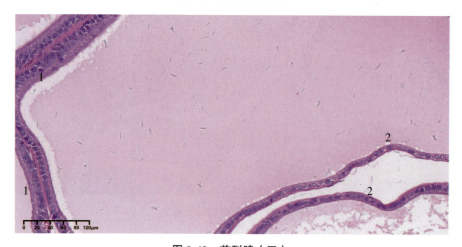

图 9-42　前列腺（三）

1.单层柱状上皮；2.单层立方上皮

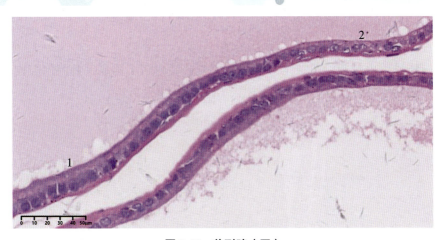

图 9-43 前列腺（四）

1. 单层柱状上皮；2. 单层立方上皮

前列腺常见自发性病变为间质炎细胞浸润（发生率 11.17%，67/600）（图 9-44 ~ 图 9-45）。

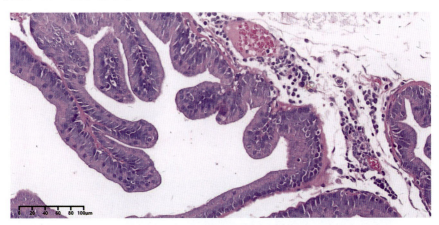

图 9-44 前列腺间质炎细胞浸润（一）

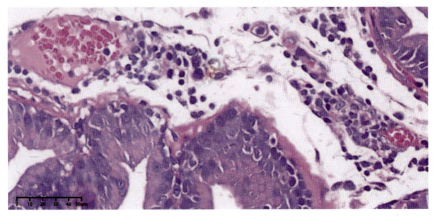

图 9-45 前列腺间质炎细胞浸润（二）

2. 精囊腺

精囊腺由黏膜、肌层（薄）和外膜（结缔组织）构成，黏膜向腔内突起形成高的皱襞，上皮为假复层柱状（图 9-46 ~ 图 9-58）。

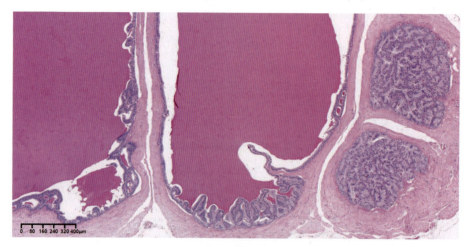

图 9-46　精囊腺（一）

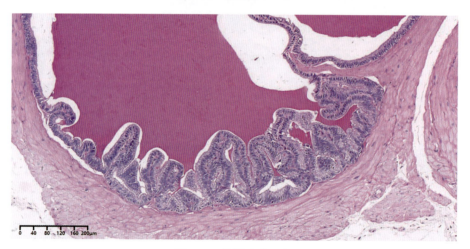

图 9-47　精囊腺（二）

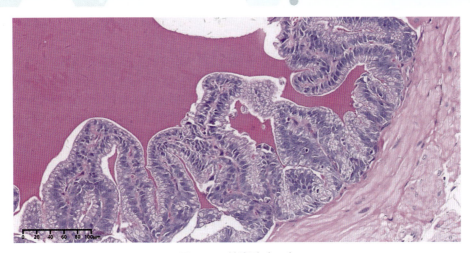

图 9-48 精囊腺（三）

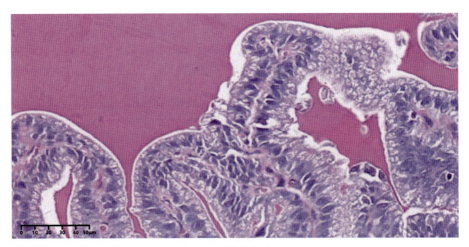

图 9-49 精囊腺（四）

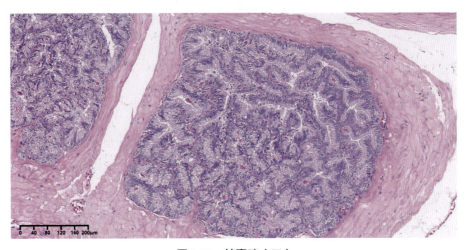

图 9-50 精囊腺（五）

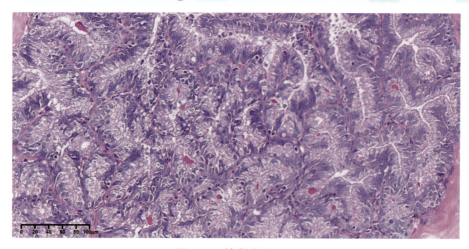

图 9-51 精囊腺（六）

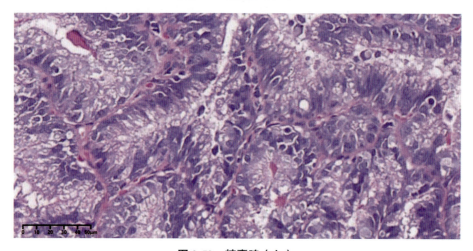

图 9-52 精囊腺（七）

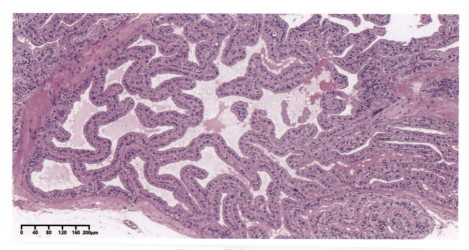

图 9-53 精囊腺（八）

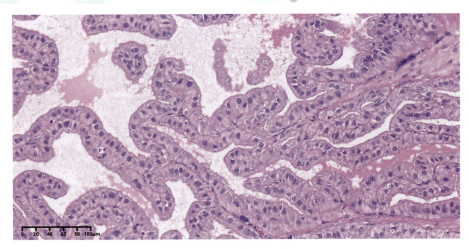

图 9-54　精囊腺（九）

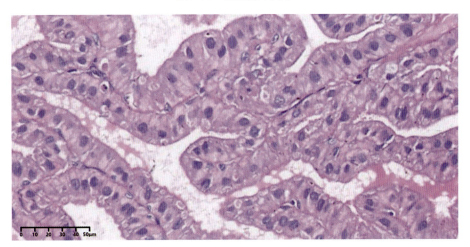

图 9-55　精囊腺（十）

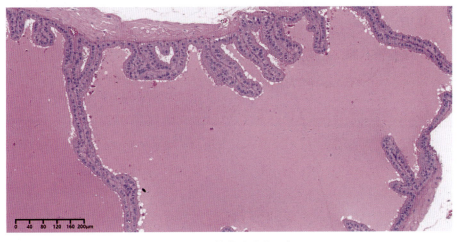

图 9-56　精囊腺（十一）

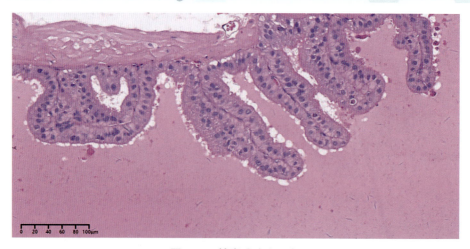

图 9-57 精囊腺（十二）

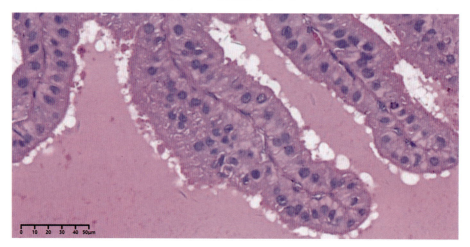

图 9-58 精囊腺（十三）

3. 尿道球腺

为复管泡状腺，上皮为单层立方或柱状（图 9-59 ~ 图 9-64）。

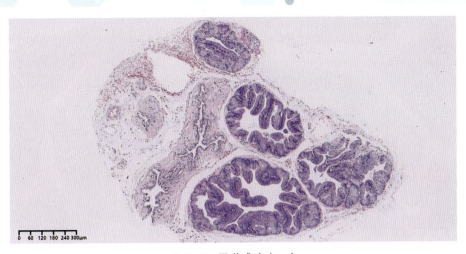

图 9-59　尿道球腺（一）

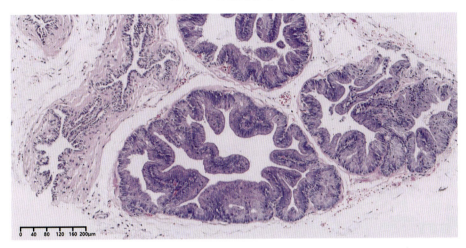

图 9-60　尿道球腺（二）

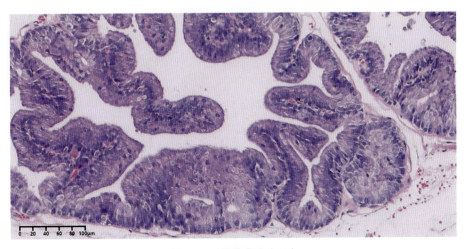

图 9-61　尿道球腺（三）

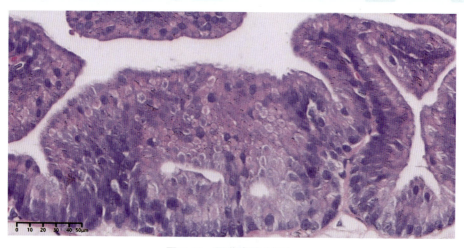

图 9-62　尿道球腺（四）

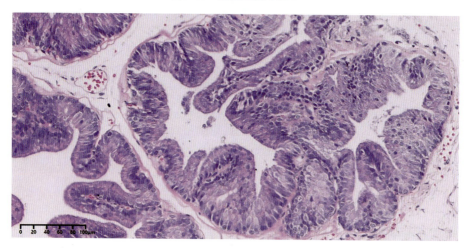

图 9-63　尿道球腺（五）

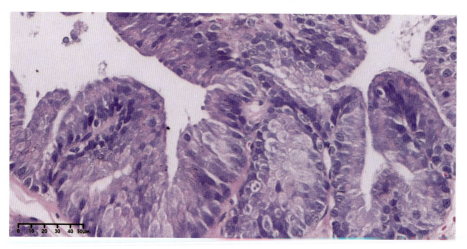

图 9-64　尿道球腺（六）

第十章

运动系统（骨和骨骼肌）

一、骨的镜下结构及常见自发性病变

骨的结构包括骨膜、骨组织和骨髓3部分。骨组织的细胞包括骨祖细胞、成骨细胞、骨细胞和破骨细胞；骨组织中的骨基质又称骨质，是矿化的细胞外基质。

1. 长骨的结构

长骨的组织结构包括密质骨（分布于骨干和骨骺外侧面）、松质骨（分布于骨干内侧面和骨骺中部，由骨小梁构成）、关节软骨（为被覆于骨端关节面的薄层透明软骨）、骨膜和骨髓5部分。骨膜分骨外膜（为纤维性的致密结缔组织）和骨内膜（为薄层疏松结缔组织）（图10-1~图10-11）。

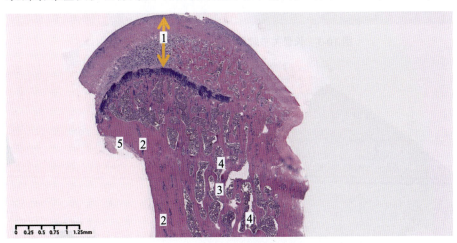

图10-1 长骨

1.关节软骨；2.密质骨；3.松质骨；4.骨髓；5.骨外膜

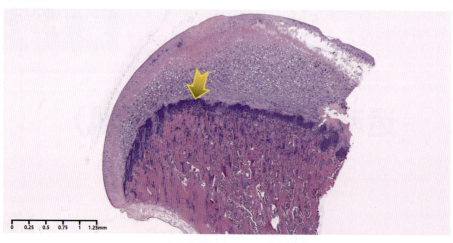

图 10-2　长骨关节软骨（一）：矿化的软骨基质

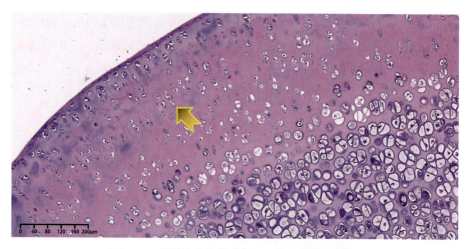

图 10-3　长骨关节软骨（二）：幼稚的软骨细胞

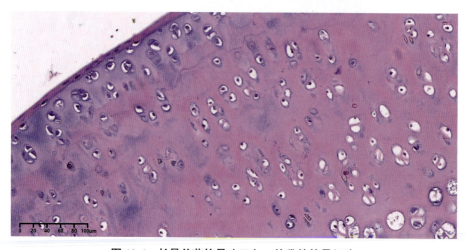

图 10-4　长骨关节软骨（三）：幼稚的软骨细胞

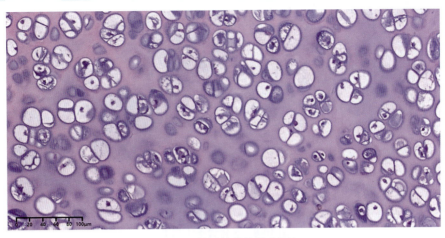

图 10-5　长骨关节软骨（四）

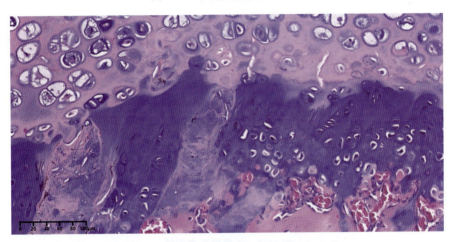

图 10-6　长骨关节软骨（五）：矿化的软骨基质

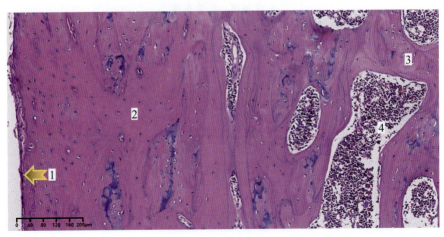

图 10-7　长骨骨干（一）

1.骨膜；2.密质骨；3.骨小梁；4.骨髓

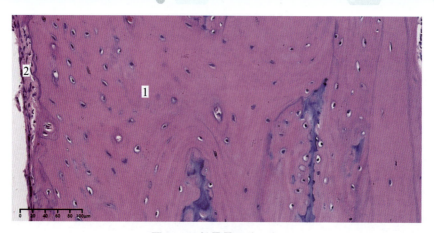

图 10-8　长骨骨干（二）

1. 密质骨；2. 骨膜

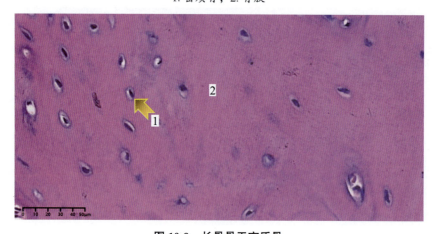

图 10-9　长骨骨干密质骨

1. 骨细胞；2. 骨基质

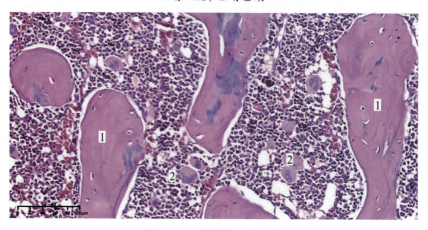

图 10-10　长骨骨干（三）

1. 骨小梁；2. 破骨细胞

第十章 运动系统（骨和骨骼肌）

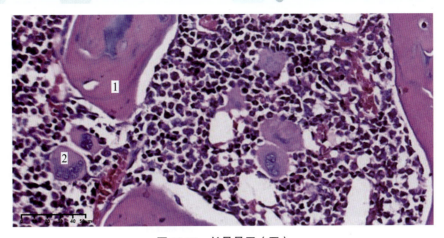

图 10-11　长骨骨干（四）

1. 骨小梁；2. 破骨细胞

长骨常见自发性病变为关节软骨骨化（发生率 76.33%，458/600）（图 10-12 ~ 图 10-21）。

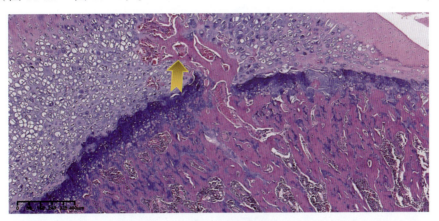

图 10-12　长骨：关节软骨骨化（一）

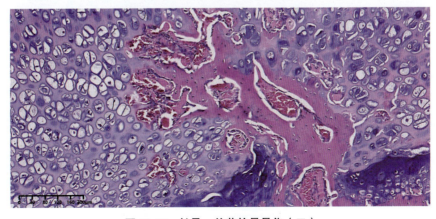

图 10-13　长骨：关节软骨骨化（二）

249

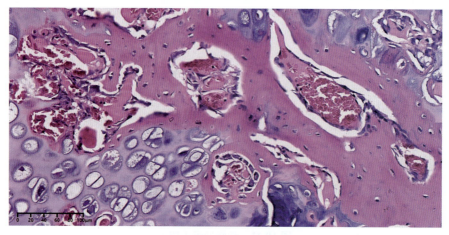

图 10-14　长骨：关节软骨骨化（三）

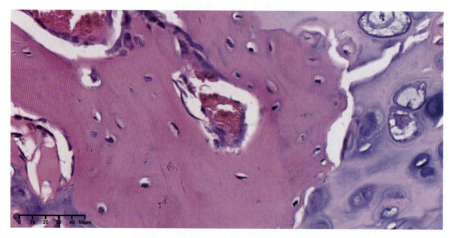

图 10-15　长骨：关节软骨骨化（四）

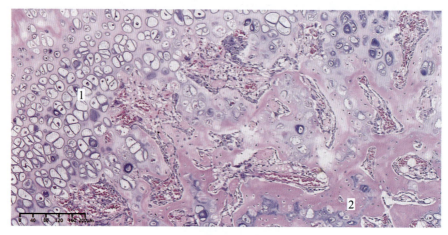

图 10-16　长骨骨化的关节软骨（一）

1.软骨细胞；2.骨基质

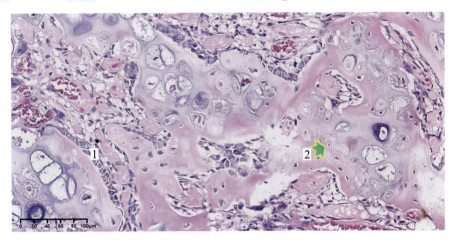

图 10-17　长骨骨化的关节软骨（二）

1. 成骨细胞；2. 骨细胞

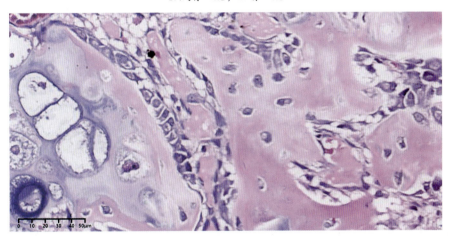

图 10-18　长骨骨化的关节软骨（三）

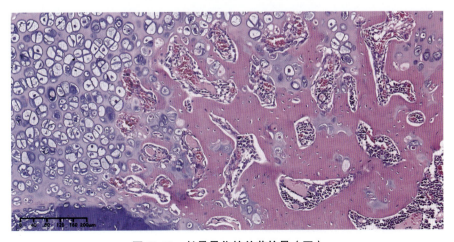

图 10-19　长骨骨化的关节软骨（四）

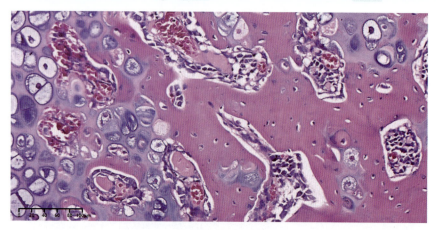

图 10-20　长骨骨化的关节软骨（五）

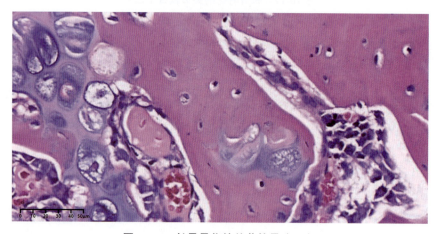

图 10-21　长骨骨化的关节软骨（六）

2. 胸骨的镜下结构（图 10-22 ～ 图 10-28）

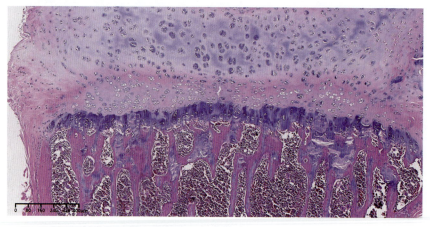

图 10-22　胸骨（一）

第十章 运动系统(骨和骨骼肌)

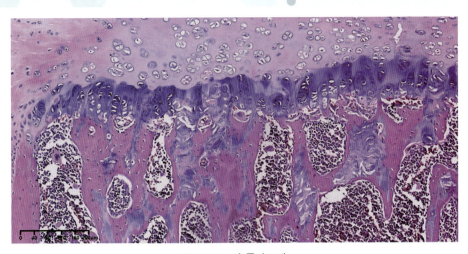

图 10-23 胸骨(二)

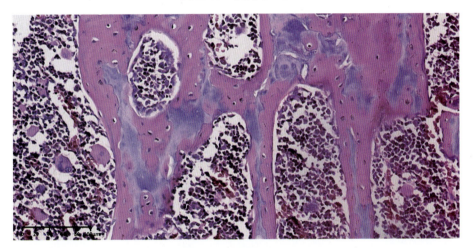

图 10-24 胸骨(三)

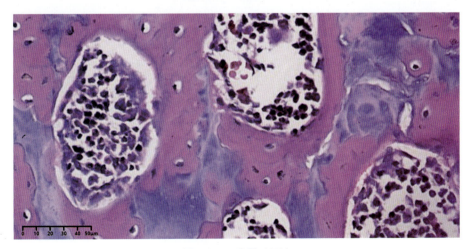

图 10-25 胸骨(四)

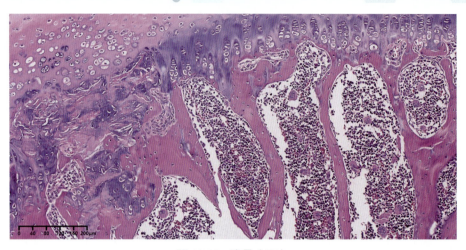

图 10-26　胸骨（五）

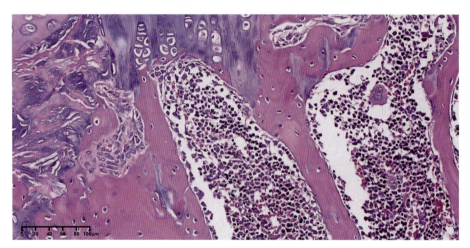

图 10-27　胸骨（六）

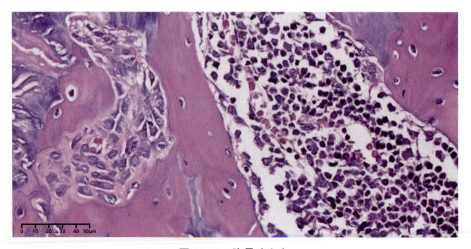

图 10-28　胸骨（七）

二、骨骼肌的镜下结构及常见自发性病变

骨骼肌的镜下结构如图 10-29 ~ 图 10-37。

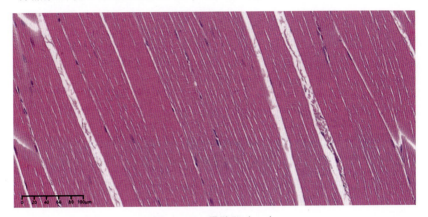

图 10-29　骨骼肌（一）

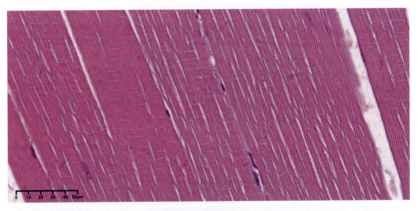

图 10-30　骨骼肌（二）

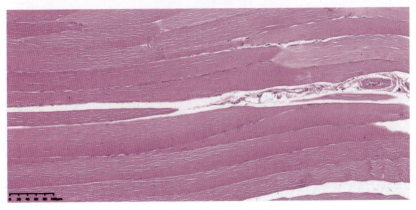

图 10-31　骨骼肌（三）

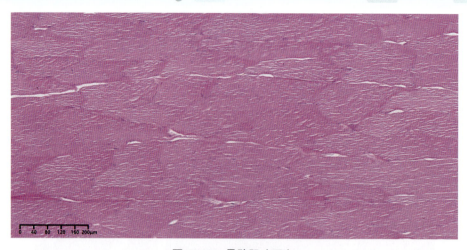

图 10-32　骨骼肌（四）

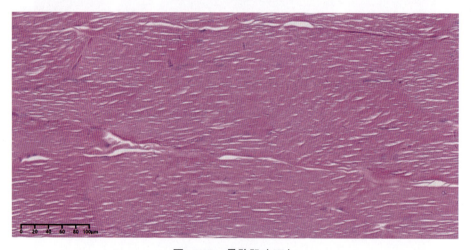

图 10-33　骨骼肌（五）

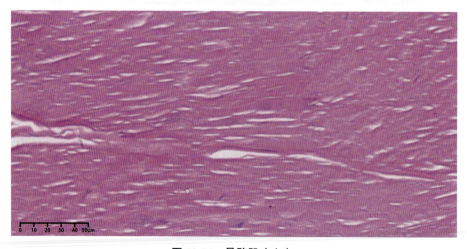

图 10-34　骨骼肌（六）

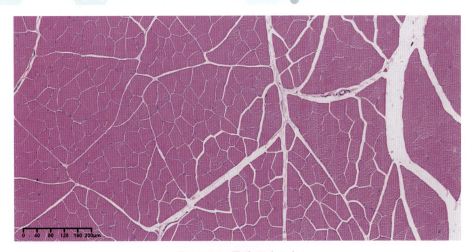

图 10-35　骨骼肌（七）

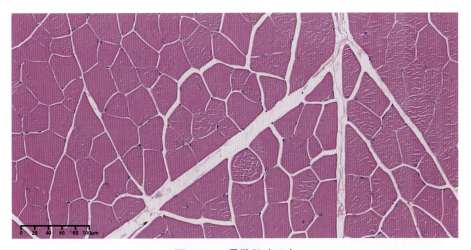

图 10-36　骨骼肌（八）

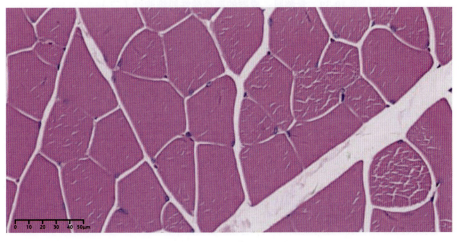

图 10-37　骨骼肌（九）

在观察骨骼肌时，也常常看到成群的高嗜酸性肌细胞灶，可能是采集样本时的操作所致，并非真正的骨骼肌病理改变（图10-38～图10-40）。

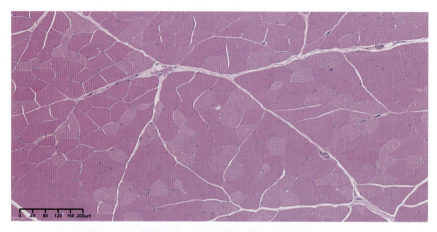

图10-38　骨骼肌：成群的高嗜酸性肌细胞灶（一）

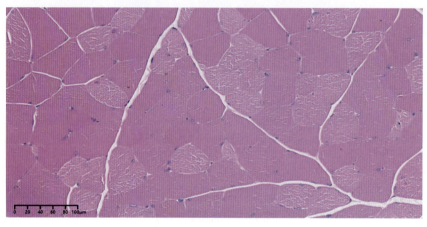

图10-39　骨骼肌：成群的高嗜酸性肌细胞灶（二）

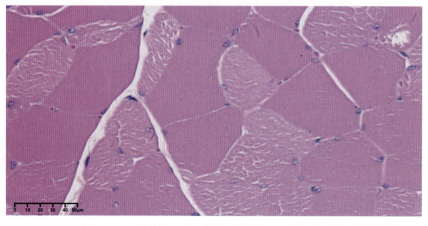

图10-40　骨骼肌：成群的高嗜酸性肌细胞灶（三）

第十一章

感觉器官（眼）

一、眼球的镜下结构及常见自发性病变

眼球包括眼球壁和眼内容物2部分。眼球壁有纤维膜、血管膜和视网膜3层。纤维膜的前1/6为角膜，是没有血管的无色透明膜，纤维膜的后5/6是白色的巩膜；血管膜富含血管和黑素细胞；视网膜盲部有虹膜上皮和睫状体上皮，视部有色素上皮层、视细胞层、双极细胞层和节细胞层4层。眼内容物包括房水、晶状体和玻璃体（图11-1～图11-19）。

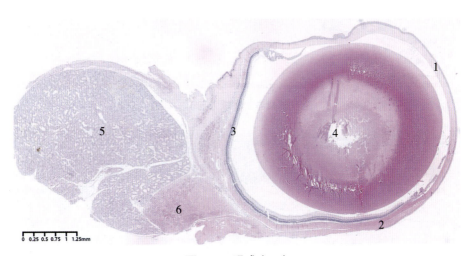

图11-1 眼球（一）
1.角膜；2.巩膜；3.视网膜；4.晶状体；5.泪腺；6.眼肌

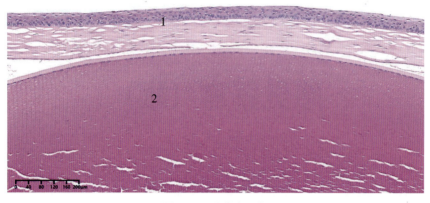

图 11-2　眼球（二）

1.角膜；2.晶状体

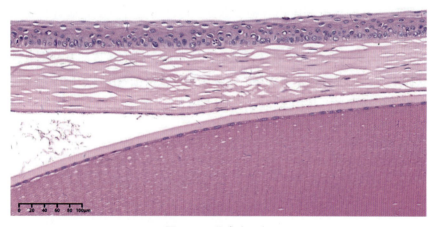

图 11-3　眼球（三）

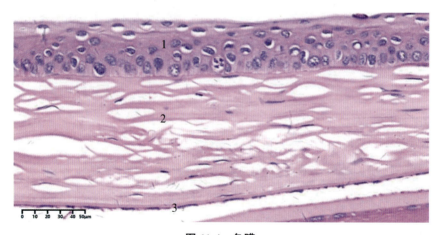

图 11-4　角膜

1.复层扁平上皮；2.固有层（胶原纤维束）；3.角膜内皮

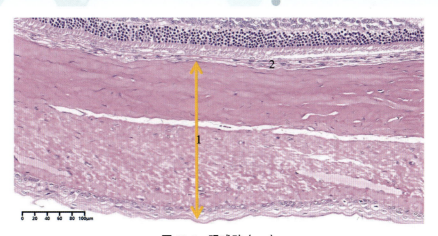

图 11-5　眼球壁（一）

1.巩膜；2.血管膜

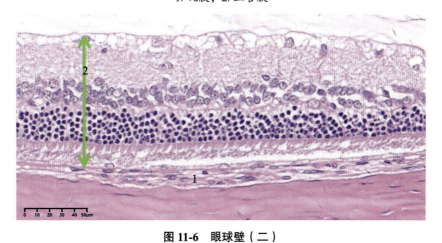

图 11-6　眼球壁（二）

1.血管膜（脉络膜）；2.视网膜

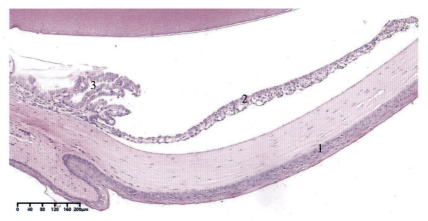

图 11-7　眼球壁（三）

1.角膜；2.虹膜；3.睫状突

图 11-8　眼球壁（四）

1. 角膜；2. 虹膜

图 11-9　虹膜上瞳孔括约肌

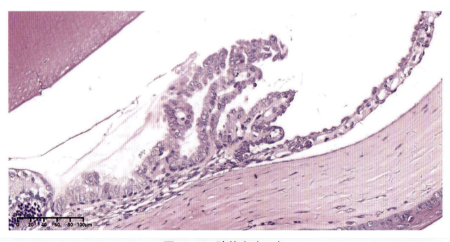

图 11-10　睫状突（一）

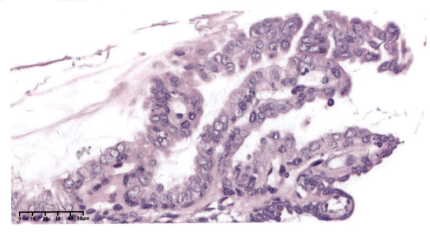

图 11-11 睫状突（二）

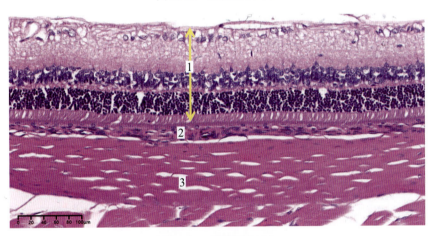

图 11-12 眼球壁（五）

1.视网膜；2.脉络膜；3.巩膜

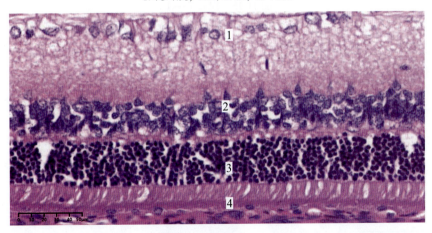

图 11-13 视网膜（一）

1.节细胞层；2.双极细胞层；3.视细胞层；4.色素上皮层

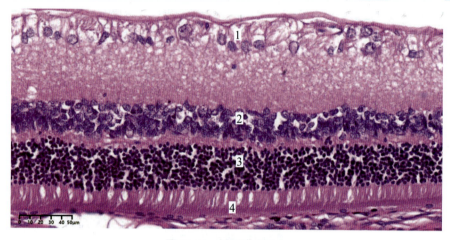

图 11-14　视网膜（二）

1. 节细胞层；2. 双极细胞层；3. 视细胞层；4. 色素上皮层

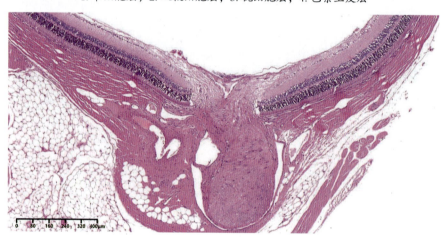

图 11-15　视盘（一）

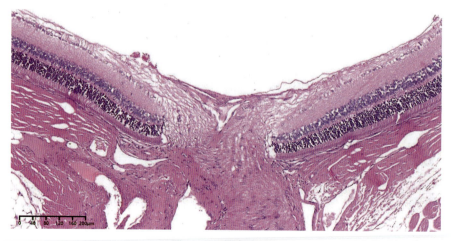

图 11-16　视盘（二）

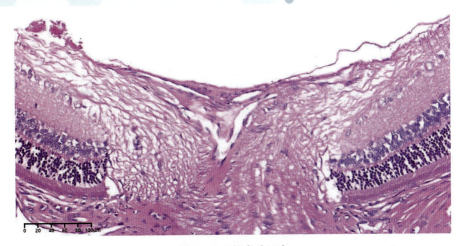

图 11-17 视盘（三）

图 11-18 晶状体（一）

图 11-19 晶状体（二）

1.晶状体上皮；2.晶状体纤维

二、眼的附属器的镜下结构及常见自发性病变

眼的附属器包括眼睑、泪腺和眼肌 3 部分。泪腺有眶内泪腺（称哈氏腺或哈德腺或副泪腺或哈达腺，Harder's gland）和眶外泪腺。眶内泪腺和眶外泪腺均为浆液性复管状腺，眶内泪腺腺腔内常见血卟啉色素（图 11-20 ~ 图 11-26）。

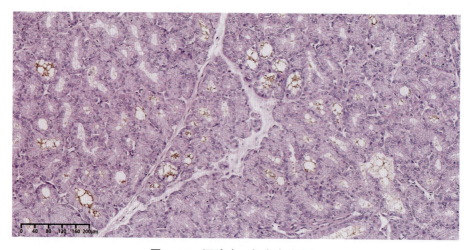

图 11-20　泪腺（一）（哈氏腺）

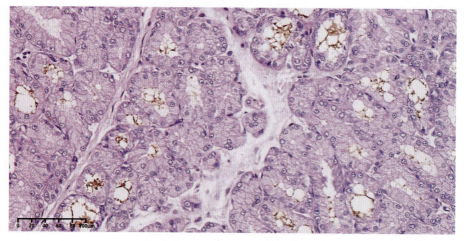

图 11-21　泪腺（二）（哈氏腺）

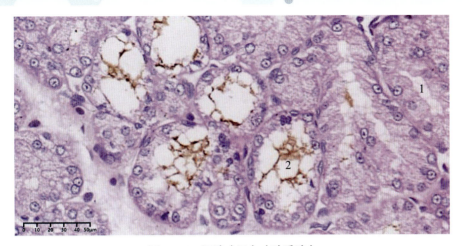

图 11-22 泪腺（三）（哈氏腺）
1. 浆液腺；2. 血卟啉色素

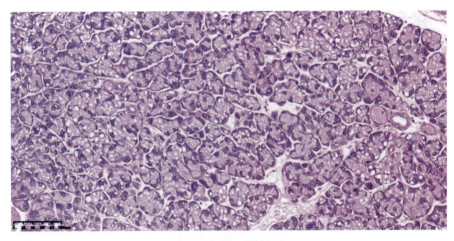

图 11-23 眶外泪腺（一）

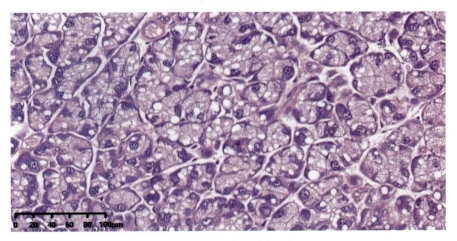

图 11-24 眶外泪腺（二）

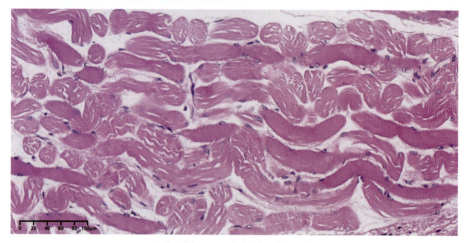

图 11-25　眼肌（一）

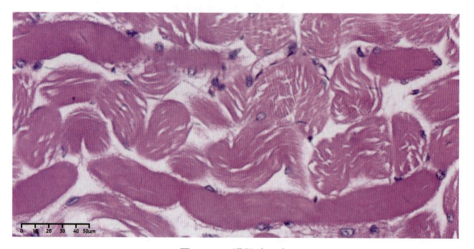

图 11-26　眼肌（二）

第十二章

皮 肤

皮肤从表及里包括表皮、真皮、皮下组织和皮肤附属器 4 部分。表皮为角化的复层扁平上皮，较薄；真皮是致密结缔组织；皮下组织由疏松结缔组织和脂肪组织组成；皮肤附属器包括毛、皮脂腺和汗腺（局限于足底皮肤）（图 12-1 ~ 图 12-13）。

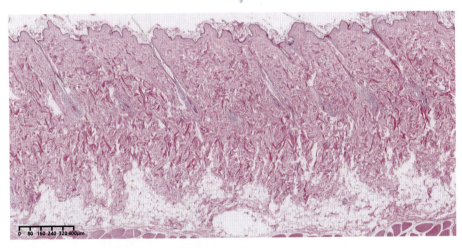

图 12-1　皮肤（一）

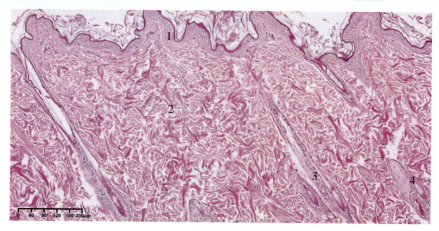

图 12-2 皮肤（二）

1. 表皮；2. 真皮；3. 毛囊；4. 皮脂腺

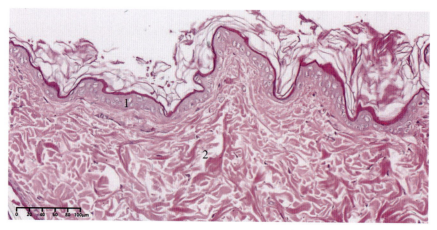

图 12-3 皮肤（三）

1. 表皮；2. 真皮

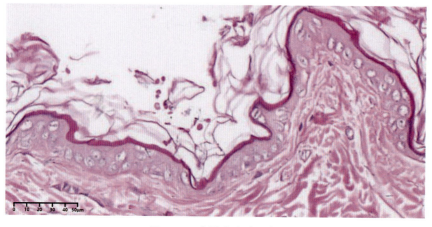

图 12-4 皮肤表皮（一）

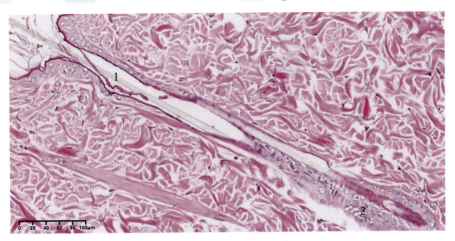

图 12-5 皮肤表皮（二）

1. 毛根；2. 毛囊

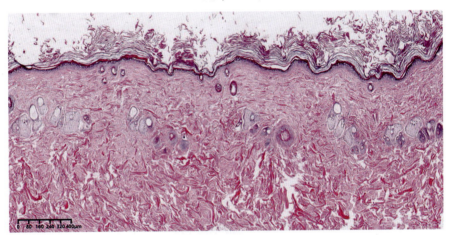

图 12-6 皮肤（四）

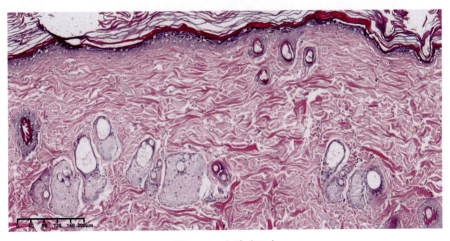

图 12-7 皮肤（五）

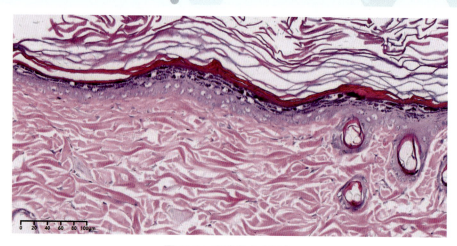

图 12-8　皮肤表皮（三）

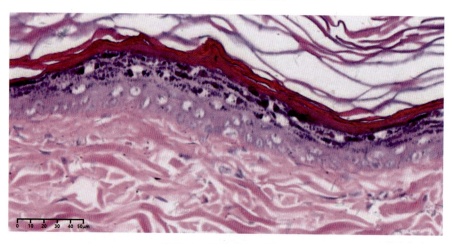

图 12-9　皮肤表皮（四）

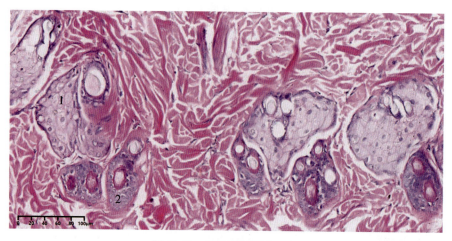

图 12-10　皮肤附属器（一）

1. 皮脂腺；2. 毛囊

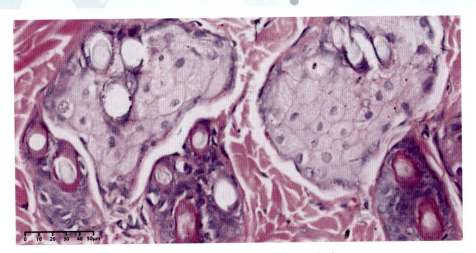

图 12-11 皮肤附属器(二):皮脂腺

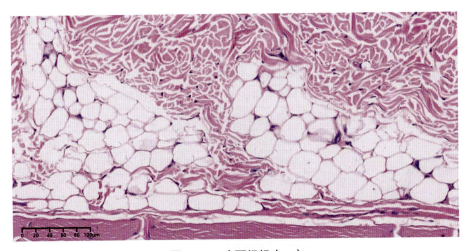

图 12-12 皮下组织(一)

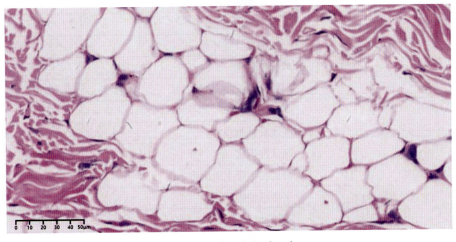

图 12-13 皮下组织(二)

附 表

SPF 级 SD 大鼠主要脏器和组织常见自发性病变表

器官/组织		病变名称	发生率（%）
心血管系统		心肌间质淤血	1.17
		局灶性心肌瘢痕灶形成	0.17
		主动脉基部软骨化生	0.17
呼吸系统	气管和主支气管	局灶性黏膜上皮鳞化	0.67
		局灶性基底细胞增生	0.83
		黏膜下层炎细胞浸润	4.50
	肺	肺内多个支气管旁淋巴滤泡形成	6.67
		肺内个别支气管旁淋巴滤泡形成	73.33
		局灶性肺泡扩张	1.33
		肺泡间隔灶性淤血、水肿、炎细胞浸润	19.83
		巨噬细胞灶性聚集	1.33
消化系统 ——消化管	胃	肌层平滑肌细胞变性	8.00
		炎细胞浸润（嗜酸性粒细胞等）	0.17
	空肠	肌层平滑肌细胞变性	3.33
	回肠	肌层平滑肌细胞变性	3.33
	结肠	肌层平滑肌细胞变性	1.00
消化系统 ——消化腺	胰腺	腺泡小灶性坏死	0.33
		间质炎细胞浸润	1.33
	肝	肝细胞变性	9.33
		肝细胞点灶状坏死	8.17
		肉芽肿病变	13.33
		门管区炎细胞浸润	9.50
泌尿系统	肾	间质淤血	6.33
		间质炎细胞浸润	1.33
		局灶性矿化	0.83
		肾近曲小管上皮细胞变性	15.00
	膀胱	平滑肌细胞变性	12.17
		间质炎细胞浸润	5.00
	尿道	上皮下淤血	0.33

续表

器官/组织		病变名称	发生率（%）
神经系统	大脑皮质	嗜元现象	0.17
内分泌系统	垂体	囊肿	0.33
		淤血	0.83
	肾上腺	皮质细胞局灶性变性	46.67
	甲状腺	间质炎细胞浸润	1.33
	甲状旁腺	间质炎细胞浸润	0.67
雌性生殖系统	卵巢	滤泡囊肿	0.17
		局灶性矿化	0.17
	子宫	炎细胞浸润（多为嗜酸性粒细胞）	6.67
雄性生殖系统	睾丸	生精小管扩张伴上皮变薄、生精细胞数量减少，仅见极少数精子，并见个别生精小管矿化	0.17
	附睾	间质炎细胞浸润	0.17
	前列腺	间质炎细胞浸润	11.17
运动系统	长骨	关节软骨骨化	76.33

参考文献

［1］ELIZABETH F M,《实验动物背景病变彩色图谱》[M].孔庆喜，吕建军，王和枚，等译.北京：北京科学技术出版社，2018.

［2］张惠铭，姚大林.《药物毒性诊断病理学》[M].北京：科学出版社，2021.

［3］CHERYL L S.《小鼠组织学》[M].刘克剑，盖仁华，译.北京：北京科学技术出版社，2019.

［4］KEENAN C M, VIDAL J D. Standard morphologic evaluation of the heart in the; laboratory dog and monkey [J]. Toxicologic Pathology, 2006, 34(6): 67-74.